技能型人才培养特色名校建设规划教材

交直流调速控制系统调试与维护

主　编　梁　强　邱　阳　许洪龙

副主编　明习凤　张翠玲　栾玉静　李克培

主　审　杨森林

中国水利水电出版社

www.waterpub.com.cn

内 容 提 要

本书在征求专业教师和专家意见的基础上，结合最新的课程教改成果，以突出应用能力和培养综合素质为原则进行编写，内容包括直流调速和交流调速两部分，通过 15 个学习项目来强化学生的操作技能。本书基于 DSC-5 型晶闸管直流调速柜和西门子 MM440 变频器组织教材内容，着重于学生知识应用综合技能和创新能力的培养。

本书重视学生在校学习与毕业后工作的一致性，有针对性地采取项目导入、任务分析等行动导向的教学模式，以项目任务为载体，每个项目或任务都包括实践知识、理论知识等内容，是一个相对完整的系统，具有较强的操作性和可行性，方便教学安排。

本书可作为高职高专院校机电类专业、自动化类专业及机械类专业的教学用书，也可作为应用型本科、成人教育、自主考试、开放大学、中职学校等的教材，还可作为企业工程技术人员的参考书。

图书在版编目（ＣＩＰ）数据

交直流调速控制系统调试与维护 / 梁强，邱阳，许洪龙主编. -- 北京 : 中国水利水电出版社，2015.12
技能型人才培养特色名校建设规划教材
ISBN 978-7-5170-3925-9

Ⅰ．①交… Ⅱ．①梁… ②邱… ③许… Ⅲ．①交流调速－控制系统－高等职业教育－教材②直流调速－控制系统－高等职业教育－教材 Ⅳ．①TM921.5

中国版本图书馆CIP数据核字(2015)第314784号

策划编辑：石永峰　　　责任编辑：张玉玲　　　封面设计：李　佳

书　　名	技能型人才培养特色名校建设规划教材 **交直流调速控制系统调试与维护**
作　　者	主　编　梁　强　邱　阳　许洪龙 副主编　明习凤　张翠玲　栾玉静　李克培 主　审　杨森林
出版发行	中国水利水电出版社 （北京市海淀区玉渊潭南路 1 号 D 座　100038） 网址：www.waterpub.com.cn E-mail：mchannel@263.net（万水） 　　　　sales@waterpub.com.cn 电话：（010）68367658（发行部）、82562819（万水）
经　　售	北京科水图书销售中心（零售） 电话：（010）88383994、63202643、68545874 全国各地新华书店和相关出版物销售网点
排　　版	北京万水电子信息有限公司
印　　刷	三河市铭浩彩色印装有限公司
规　　格	184mm×260mm　16 开本　10.25 印张　232 千字
版　　次	2015 年 12 月第 1 版　2015 年 12 月第 1 次印刷
印　　数	0001—2000 册
定　　价	22.00 元

前　　言

为落实"课岗证融通，实境化历练"人才培养模式改革，满足高等职业教育技能型人才培养的要求，使学生更好地适应企业的需要，在山东省技能型人才培养特色名校建设期间，我校组织课程组有关人员和企业的能工巧匠与技术人员编写了本教材。

本教材的编写贯彻了"以学生为主体，以就业为导向，以能力为核心"的理念和"实用、够用、好用"的原则，基于 DSC-5 型晶闸管直流调速柜和西门子 MM440 变频器组织内容，具有以下特色：

（1）以行动为导向，以工学结合的人才培养模式改革与实践为基础，按照典型性、对知识和能力的覆盖性、可行性原则，遵循认知规律与能力的形成规律设计教学载体，梳理理论知识，明确学习内容，使学生在职业情境中"学中做、做中学"。

（2）打破传统教材按章节划分理论知识的方法，将理论知识按照相应教学载体进行重构，并对知识内容以不同方式进行层面划分，如项目（任务）导入、项目（任务）分析、相关知识、项目（任务）实施、知识拓展等。通过任务的完成使学生学有所用、学以致用，与传统的理论灌输有着本质的区别。

（3）根据本课程的内容和实际教学情况，我们为本教材编写了配套的工作任务书，根据学生对任务书的完成情况补充、更新教材内容，满足教学需要，提高教学质量，体现教材的灵活性。

随着科学技术的迅速发展，对技能型人才的要求也越来越高。作为培养技能型"双高"人才的高等职业技术学院，原来传统的教学模式及教材已不能完全适应现今的教学要求。本教材根据培养目标的需求对内容进行了适当调整，补充了一些新知识，使教材更规范、更实用。

本书由梁强、邱阳、许洪龙任主编，明习凤、张翠玲、栾玉静、李克培任副主编。博宁福田智能通道（青岛）有限公司的肖银川参与了部分编写工作，浙江亚龙教育装备股份有限公司副总工程师杨森林任主审。

由于时间仓促及编者水平有限，书中难免有疏漏和错误之处，恳请广大读者批评指正。

编　者
2015 年 12 月

目　　录

模块一　直流调速控制系统

在自动控制系统中，电力拖动系统是最重要的应用系统之一，而电动机又是电力拖动系统的核心部件，是将电能转化为机械能的一种有力工具。根据供电方式的不同，电动机可分为直流电动机和交流电动机。由于直流电动机具有良好的起制动性能，而且可以在较大范围内平滑地调速，因此在轧钢设备、矿井升降设备、挖掘钻探设备、金属切削设备、造纸设备、电梯等需要高性能可控制电力拖动的场合得到了广泛应用。

从生产设备的控制对象来看，电力拖动控制系统有调速系统、位置随动系统、张力控制系统等多种类型，而各种系统基本上都是通过控制转速（实质上是控制电动机的转矩）来实现的。

由于直流电动机具有极好的运动性能和控制特性，尽管它不如交流电动机那样结构简单、价格便宜、制造方便、维护容易，但是长期以来，直流调速系统一直占据着垄断地位。当然，近年来，随着计算机技术、电力电子技术和控制技术的发展，交流调速系统发展很快，在许多场合正逐渐取代直流调速系统。但是就目前来看，直流调速系统仍然是自动调速系统的主要形式。而且，直流调速系统在理论上和实践上都比较成熟，从控制技术的角度来看，它又是交流调速系统的基础。因此，我们先来讨论直流调速系统。

项目一　直流调速技术

一、项目导入

到目前为止，在工矿企业中应用的直流调速系统有交磁放大机调速系统、磁放大器调速系统和晶闸管供电的直流调速系统等。由于晶闸管供电的直流调速系统优于前两者，所以该类系统获得了日益广泛的应用。

本项目主要讨论直流电动机调速的基本方案、直流调速系统的组成和分类、调速系统的性能指标。

二、项目分析

1. 调速及调速系统

将调节电动机转速以适应生产要求的过程称为调速，用于完成这一功能的自动控制系统就被称为是调速系统。

电动机是用来拖动某种生产机械的动力设备，所以需要根据工艺要求调节其转速。比如在加工毛坯工件时，为了防止工件表面对生产刀具的磨损，因此加工时要求电动机低速运行；而在对工件进行精加工时，为了缩短加工时间、提高产品的成本效益，因此加工时要求电动机高速运行。

2. 调速系统的作用

机床在加工过程中，需要按不同的加工要求调整主轴的转速和进给速度。为保证工件表面的质量和精度，要求电动机运行速度平稳。各种生产机械对调速系统提出了不同的转速控制要求，归纳起来有以下 3 个方面：

（1）调速。在一定的最高转速和最低转速范围内，分挡（有级）地或者平滑（无级）地调节转速。

（2）稳速。以一定的精度在所需转速上稳定地运行，不因各种可能的外来干扰（如负载变化、电网电压波动等）而产生过大的转速波动，以确保产品质量。

（3）加、减速控制。对频繁起、制动的设备要求尽快地加、减速，缩短起、制动时间，以提高生产率；对不宜经受剧烈速度变化的生产机械，则要求起、制动尽量平稳。

以上 3 个方面有时都必须具备，有时只要求其中一项或两项，其中有些方面之间可能还是相互矛盾的。为了定量地分析问题，一般规定几种性能指标，以便衡量一个调速系统的性能。

3. 调速系统的性能指标

根据生产机械对调速系统提出的要求，调速应按一定的技术指标来执行，技术指标又分静态指标和动态指标。

静态指标：静差率、调速范围。

动态指标：跟随性能指标、抗扰性能指标。

4. 调速系统的分类

目前调速系统分为交流调速系统和直流调速系统，由于直流调速系统的调速范围广、静差率小、稳定性好且具有良好的动态性能，因此在相当长的时期内，高性能的调速系统几乎都采用了直流调速系统。

交流电动机结构简单、制造方便、维护容易、价格便宜，而直流电动机换向有火花，因此交流调速系统将取代直流调速。近年来，随着电子工业与技术的发展，高性能的交流调速系统的应用范围逐渐扩大并大有取代直流调速系统的发展趋势。而直流调速系统在理论和实践上都比较成熟，并且从反馈闭环控制的角度来看，它又是交流调速系统的基础，所以掌握好直流调速系统也是很重要的。

三、相关知识

1. 直流电动机的调速方法

由电机学可知，直流电动机的转速可由下式表述：

$$n = \frac{U_d - I_d R_d}{K_e \phi}$$

式中，n 为转速，单位为 r/min；U_d 为电枢电压（V）；I_d 为电枢电流（A）；R_d 为电枢回路电阻（Ω）；ϕ 为励磁磁通（Wb）；K_e 为由电动机结构决定的电动势系数。

由此可知，直流电动机的调速方法有 3 种：调节电枢供电电压 U_d、改变电动机主磁通 ϕ、改变电枢回路电阻。

（1）调节电枢供电电压 U_d。

改变电枢电压主要是从额定电压往下降低电枢电压，从电动机额定转速向下变速，属于恒转矩调速方法。对于要求在一定范围内无级平滑调速的系统来说，这种方法最好。I_d 变化遇到的时间常数较小，能快速响应，但是需要大容量可调直流电源。

工作条件：保持励磁 $\phi = \phi_N$，保持电阻 $R = R_a$。

调节过程：改变电压 $U_N \rightarrow U \downarrow \rightarrow n \downarrow$，$n_0 \downarrow$

调速特性：机械特性曲线平行下移。调压调速特性曲线如图 1-1 所示。

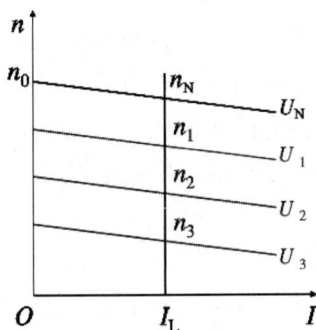

图 1-1　调压调速特性曲线

（2）改变电动机主磁通 ϕ。

改变磁通可以实现无级平滑调速，但只能减弱磁通进行调速（简称弱磁调速），从电动机额定转速向上调速，属于恒功率调速方法。I_f 变化时间遇到的时间常数与 I_a 变化遇到的相比要大得多，响应速度较慢，但所需电源容量小。

工作条件：保持电压 $U = U_N$，保持电阻 $R = R_a$。

调节过程：减小励磁 $\phi_N \rightarrow \phi \downarrow \rightarrow n \uparrow$，$n_0 \uparrow$。

调速特性：转速上升，机械特性曲线变软。调磁调速特性曲线如图 1-2 所示。

（3）改变电枢回路电阻。在电动机电枢回路外串接电阻进行调速的方法，设备简单、操作方便，但是只能进行有级调速、调速平滑性差、机械特性较软，空载时几乎没什么调速作用，还会在调速电阻上消耗大量电能。

工作条件：保持励磁 $\phi = \phi_N$，保持电压 $U = U_N$。

调节过程：增加电阻 $R_a \rightarrow R \uparrow \rightarrow n \downarrow$，$n_0$ 不变。

调速特性：转速下降，机械特性曲线变软。调阻调速特性曲线如图 1-3 所示。

改变电阻调速缺点很多，目前很少采用，仅在有些起重机、卷扬机及电车等调速性能要求不高或低速运转时间不长的传动系统中采用。弱磁调速范围不大，往往是和调压调速配合使用，在额定转速以上作小范围的升速。因此，自动控制的直流调速系统往往以调压调速为主，必要时把调压调速和弱磁调速两种方法配合起来使用。

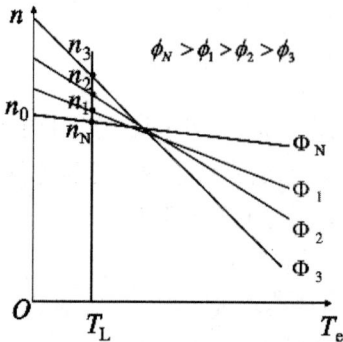

图 1-2 调磁调速特性曲线

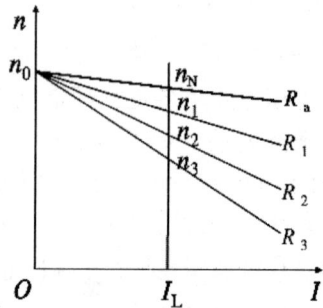

图 1-3 调阻调速特性曲线

直流电动机电枢绕组中的电流与定子主磁通相互作用，产生电磁力和电磁转矩，电枢因而转动。直流电动机电磁转矩中的两个可控变量是互相独立的，可以非常方便地分别调节，这种机理使直流电动机具有良好的转矩控制特性，从而有优良的转速调节性能。调节主磁通一般还是通过调节励磁电压来实现，所以不管是调压调速还是调磁调速，都需要可调的直流电源。

2. 直流调速用可控直流电源

改变电枢电压调速是直流调速系统采用的主要方法，调节电枢供电电压或者改变励磁磁通都需要有专门的可控直流电源，常用的可控直流电源有以下 3 种：

（1）旋转变流机组。用交流电动机和直流发电机组成机组，以获得可调的直流电压。

（2）静止可控整流器。用静止的可控整流器，如汞弧整流器和晶闸管整流装置，产生可调的直流电压。

（3）直流斩波器或脉宽调制变换器。用恒定直流电源或不可控整流电源供电，利用直流斩波或脉宽调制的方法产生可调的直流平均电压。

3. 直流调速系统的组成

在手动控制的基础上发展起来的自动控制系统，按照系统有无反馈环节，可分为开环控制系统和闭环控制系统；按照系统是否存在稳态偏差可分为有静差调速系统和无静差调速系统。

（1）开环控制系统。

若系统的输出量不反送到输入端参与控制，即输出量与输入量之间在电路上没有任何直接的联系，这样的系统称为开环控制系统。

开环控制系统框图如图 1-4 所示，其调节过程如下：当给定电压 U_{gd} 增大时，通过触发器使晶闸管的控制角 α 减小，晶闸管整流电压 U_d 增加，由于电动机励磁磁通是恒定的，所以电动机的转速 n 将增加，即：$U_{gd} \uparrow \rightarrow \alpha \downarrow \rightarrow U_d \uparrow \rightarrow n \uparrow$。

开环控制系统结构简单、成本低、输入量和输出量之间的关系是固定的。在内部参数和外部负载等扰动因素不大的情况下，可以采用开环控制系统，如一般的组合机床的控制等。

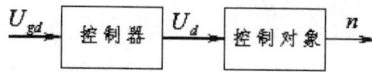

图 1-4 开环控制系统框图

（2）闭环控制系统。

若系统的输出量被反送到输入端参与控制，即输出量与输入量之间通过反馈环节联系在一起形成闭合回路的系统，称为闭环控制系统，又称为反馈控制系统。

闭环控制系统框图如图 1-5 所示。当电动机的转速由于某种原因而降低时，U_{fn} 将降低，偏差电压 ΔU 升高，控制电压 U_K 增加，则整流输出电压 U_d 将增加，从而使电动机转速回升。该调节过程可用顺序图表示为：负载↑→I_d↑→n↓→ΔU↑→U_k↑→U_d↑→n↑。

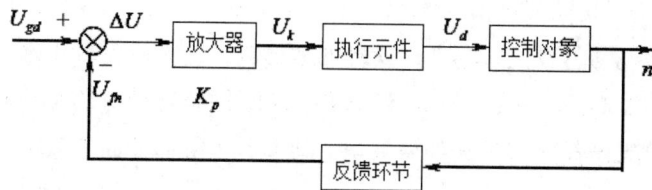

图 1-5 闭环控制系统框图

可见，当 U_{gd} 不变而电动机的转速 n 由于某种原因而产生波动时，通过转速负反馈可以自动调节电动机的转速而维持稳定。这样就抑制了扰动量对输出量的影响，而且大大提高了系统机械特性的硬度。但是闭环控制容易产生振荡。因此，对闭环控制系统来说，稳定性是一个需要充分重视的问题。

由于晶闸管供电的直流调速系统的开环机械特性不硬，特别是电流断续时机械特性更软，所以一般多采用闭环控制方案。

（3）有静差调速系统。

在图 1-6 所示的系统中，若放大器采用比例放大器，则该系统对于给定量 U_g 来说便是有静差调速系统。因为这种调速系统在稳态时反馈量与给定量不等，即存在着偏差 ΔU_i，因此 $\Delta U_i = U_g - U_{fn} \neq 0$。

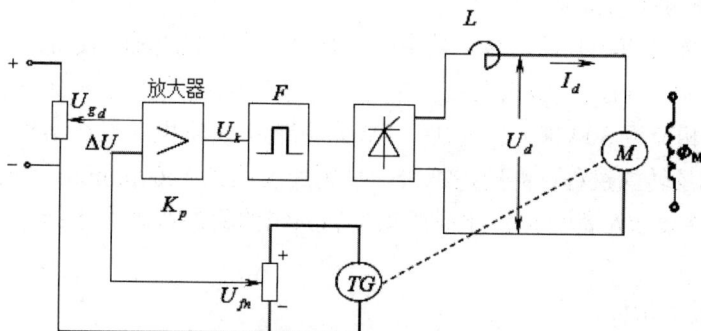

图 1-6 有静差调速系统原理图

有静差调速系统是通过偏差 ΔU_i 的变化来进行调节的。系统的反馈量只能减小偏差 ΔU_i 的变化，而不能消除偏差，即 ΔU_i 始终不能为 0。若偏差 $\Delta U_i = 0$，比例放大器输出 $U_c = 0$，晶闸管整流器输出电压 $U_d = 0$，电动机将停止转动，系统无法正常工作。可见，有静差调速系统是依靠 $\Delta U_i \neq 0$ 为前提工作的。若想消除偏差，使 $\Delta U_i = 0$，以提高稳态精度，单纯按比例放大器来进行控制是办不到的。要想提高稳态精度，必须从控制规律上寻求新的出路。

（4）无静差调速系统。

图 1-7 所示的系统是无静差调速系统。由图可见，给定电压 U_{gd} 与测速发电机 TG 的输出电压 U_{fn} 之差 ΔU 经放大后所得的电压 U_s 加在伺服电动机 SM 的两端，使伺服电动机 SM 转动，带动电位器 RP_2 的滑动端去调节晶闸管变流器的触发控制电压 U_k，进而改变晶闸管变流器的输出电压 U_d，以调节电动机的转速 n（即系统的输出量）。当转速 n 因某种原因（如负载增加）而下降时，其调节过程为：$n\downarrow \rightarrow U_{fn}\downarrow \rightarrow \Delta U\uparrow \rightarrow U_s\uparrow \rightarrow SM$ 正转带动电位器 RP_2 滑杆上移 $\rightarrow U_k\uparrow \rightarrow \alpha\downarrow \rightarrow U_d\uparrow \rightarrow n\uparrow$。这种调节过程一直要继续到电动机的转速 n 恢复原值，即 $U_{fn} = U_{gd}$，$\Delta U = U_{gd} - U_{fn} = 0$，$U_s = 0$（忽略伺服电动机的空载转矩），$SM$ 才停止运转，使电位器 RP_2 停在所调的新的位置上。可见，SM 停止时，$\Delta U = U_{gd} - U_{fn} = 0$，所以称这种系统为无静态误差调速系统，简称无静差调速系统。

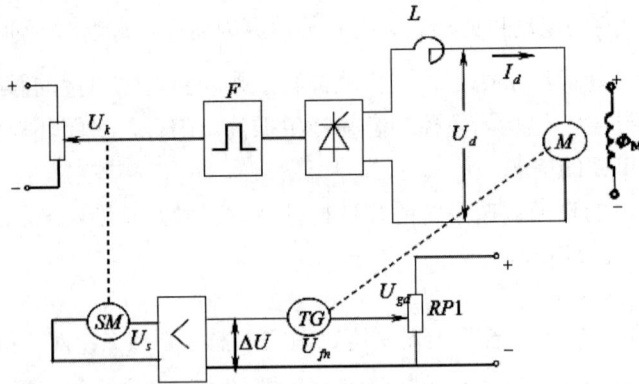

图 1-7   无静差调速系统原理图

4. 调速系统的性能指标

任何一台需要转速控制的设备，其生产工艺对控制性能都有一定的要求。例如，精密机床要求加工精度达到几十微米至几微米；重型机床的进给机构需要在很宽的范围内调速，最高和最低相差近 300 倍；容量几千 kW 的初轧机轧辊电动机在不到 1 秒的时间内就得完成从正转到反转的过程；高速造纸机的抄纸速度达到 1000m/min，要求稳速误差小于 0.01%。所有这些要求，都可以转化成运动控制系统的稳态和动态指标，作为设计系统时的依据。

（1）静态技术指标。

运动控制系统稳定运行时的性能指标称为稳态指标，又称静态指标。例如，调速系统稳态运行时的调速范围和静差率、位置随动系统的定位精度和速度跟踪精度、张力控制系统的稳态张力误差等。下面来具体分析调速系统的静态技术指标。

1）调速范围 D。

在额定负载下，允许的最高转速和在保证生产机械对转速变化率要求的前提下所能达到的最低转速之比称为调速范围，即：

$$D = \frac{n_{\max}}{n_{\min}}$$

2）静差率 S。

当系统在某一转速下运行时，负载由理想空载变到额定负载时所对应的转速降 Δn_e 与其理想空载转速 n_0 之比，采用百分数表示，即：

$$S = \frac{n_0 - n_e}{n_0} \times 100\% = \frac{\Delta n_e}{n_0} \times 100\%$$

显然，静差率表示调速系统在负载变化下转速的稳定程度，它和机械特性的硬度有关，特性越硬，静差率越小，转速的稳定程度就越高。

在一个调速系统中，如果在最低转速运行时能满足静差度的要求，则在其他转速时必能满足要求。

3）调速的平滑性。

调速的平滑性通常是用两个相邻调速级的转速差来衡量的。调速分为无级调速和有级调速。

以改变直流电动机电枢外加电压调速为例，说明调速范围 D 与静差率 S 之间的关系：

$$D = \frac{n_{e\max}}{n_{e\min}} = \frac{n_{e\max}}{n_{o2} - \Delta n_e} = \frac{n_{e\max}}{n_{o2}\left(1 - \frac{\Delta n_e}{n_{o2}}\right)} = \frac{n_{e\max}S}{\Delta n_e(1 - S)}$$

不同转速下的转差率如图 1-8 所示。

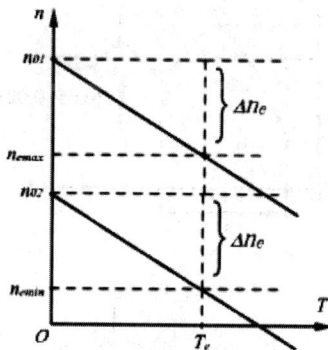

图 1-8　不同转速下的转差率

从上式可以看出，对于同一个调速系统，Δn_e 值一定，对静差率要求越严，即要求 S 值越小时，系统能够允许的调速范围也越小。也就是说一个调速系统的调节范围是指在最低速时还能满足所需静差率的转速可调范围。

（2）动态技术指标。

从一种稳定速度变化到另一种稳定速度运转（起动、制动过程仅是特例而已），由于有电磁惯性和机械惯性，过程不能瞬间完成，而需要一段时间，即要经过一段过渡过程，或称为动态过程。

1）最大超调量。

$$M_p = \frac{n_{max} - n_2}{n_2} \times 100\%$$

最大超调量如图1-9所示。

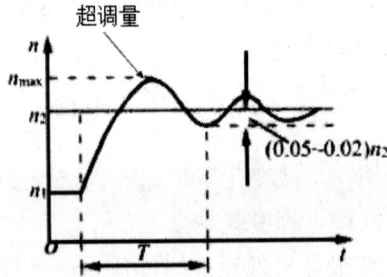

图1-9 最大超调量

注意：超调量太大，达不到生产工艺上的要求；超调量太小，会使过渡过程过于缓慢，不利于生产率的提高。

一般最大超调量的范围：$M_p = 10\% \sim 35\%$。

2）过渡过程时间 T。

从输入控制（或扰动）作用于系统开始直到被调量 n 进入 $(0.05 \sim 0.02)n_2$ 稳定值区间时为止（并且以后不再越出这个范围）的一段时间叫做过渡过程时间。过渡过程时间如图1-10所示。

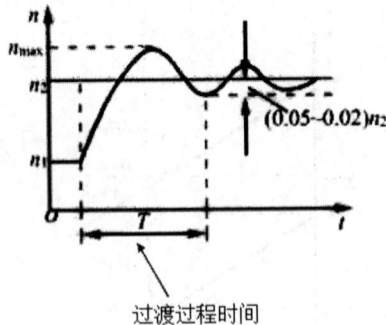

图1-10 过渡过程时间

3）振荡次数 N。

在过渡过程时间内，被调量 n 在其稳定值上下摆动的次数，如图1-11所示是3种不同调速系统被调量从 x_1 改变为 x_2 时的变化情况，表1-1所示为3种调速系统动态技术指标的比较。

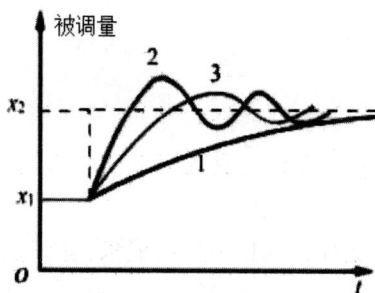

图 1-11 振荡次数

表 1-1 3 种调速系统动态技术指标的比较

系统	超调量	过渡过程时间 T	振荡次数	性能
1	0	长	无	不好
2	大	长	多	不好
3	小	短	中	好

四、项目实施

1. 项目实施目的

培养学生综合运用基本理论、专业知识进行基本技能训练，提高分析与解决实际问题的能力，完成工程师的基本训练和初步培养从事科学研究工作的能力。

2. 项目实施要求

（1）严格按学校时间作息，不得缺勤，如遇特殊情况，请与实习负责老师联系。

（2）要求着工装，带安全帽。

（3）安全第一，服从带队老师及实习单位指挥。

（4）不得乱扔垃圾，注意环境卫生。

3. 项目实施内容

（1）变电站微机仿真软件（理论讲座和参观实践）。

①监视记录及调整变电站运行工况模拟。

②正常倒闸操作模拟。

③事故过程的处理及恢复供电模拟。

④正常及事故巡视模拟。

（2）交直流调速系统。

①交直流变频调速。包括线性 V/F 调速系统、外部模拟信号控制的线性 V/F 调速系统和带磁通电流 V/F 调速系统等。

②直流数字调速。包括自适应直流调速系统、外部模拟信号控制的单双闭环直流调速系统、双闭环调磁直流调速等。

五、项目小结

（1）开环控制。

若系统输入量变化规律已知，系统扰动量可补偿或影响不大时，才采用开环调速系统。

（2）闭环控制。

若系统输入量和扰动量无法预计或稳态精度要求很高时，采用闭环（反馈）调速系统。

（3）有静差控制。

它是依靠偏差来调节输出量的，只能使偏差变化小，而不能消除偏差。一般采用比例控制环节组成系统。

（4）无静差控制。

它是依靠动态偏差对时间的积累和记忆来调节输出量的，直至偏差消除为止，即在动态时有偏差，静态时无偏差。一般采用积分控制环节组成系统。

（5）调速系统的主要静态指标。

静差率是表示负载变化时转速在静态时的波动程度，系统的静差率是指最低转速时的静差率。调速范围是在一定的静差率条件下的调速比，它反映了系统的适应性。

六、知识拓展

1. 自动控制的基本概念

自动控制，就是在没有人直接参与的情况下，利用外加的设备或装置（控制装置）使机器、设备或生产过程（控制对象）的某个工作状态或参数（被控量）自动地按照预定的规律运行。

自动控制系统，是指能够对被控对象的工作状态进行自动控制的系统。它是控制对象以及参与实现其被控制量自动控制的装置或元部件的组合，由控制装置和被控对象组成，一般包括 3 种机构：测量机构、比较机构、执行机构。

2. 控制系统的组成

反馈控制系统的组成如图 1-12 所示。

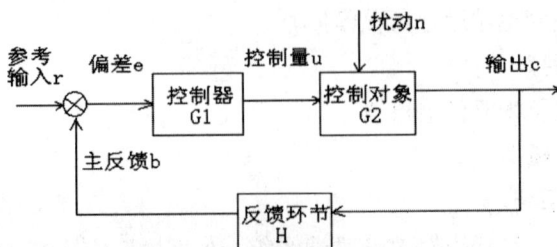

图 1-12 反馈控制系统方框图

3. 系统中各基本环节的作用

（1）被控对象：指要进行控制的设备或过程。

（2）检测装置：用来检测被控量并将其转换成与给定量同一物理量。

（3）给定环节：是设定被控量给定值的装置。

（4）比较环节：将检测的被控量和给定值进行比较，确定两者之间的偏差。

（5）控制装置：根据得到的误差信号发出相应的控制信号。

（6）执行器：直接作用于被控对象，使被控量达到所要求的数值。

4．控制系统的分类

从系统实现目标上分：随动系统、恒值系统、程序控制系统。

从信号性质上分：连续系统和离散系统。

从数学描述上分：线性系统和非线性系统。

从控制方式上分：按偏差控制系统、复合控制系统、先进控制策略系统。

七、思考与练习

1．直流电动机的调速方案有哪几种？各有何优缺点？

2．开环与闭环调速系统在本质上有什么不同？

3．有静差和无静差系统在结构上有什么不同？各自是如何调节输出量的？

4．调速系统的主要静态指标有哪些？什么是静差率？什么是调速范围？

5．调速系统的动态指标有哪些？

项目二　DSC-5 型晶闸管直流调速系统

一、项目导入

DSC-5 型晶闸管直流调速装置专供拖动直流电动机调速用，也可作为可调直流电源使用。图 2-1 所示是设备外形图，它是用晶闸管整流器将交流电整流成为可调直流电，对直流电动机电枢供电，并引入电压负反馈、电流截止负反馈等组成自动稳速的无级调速系统。由于本设备各项性能良好，因此能满足一般生产机械对调速的要求。

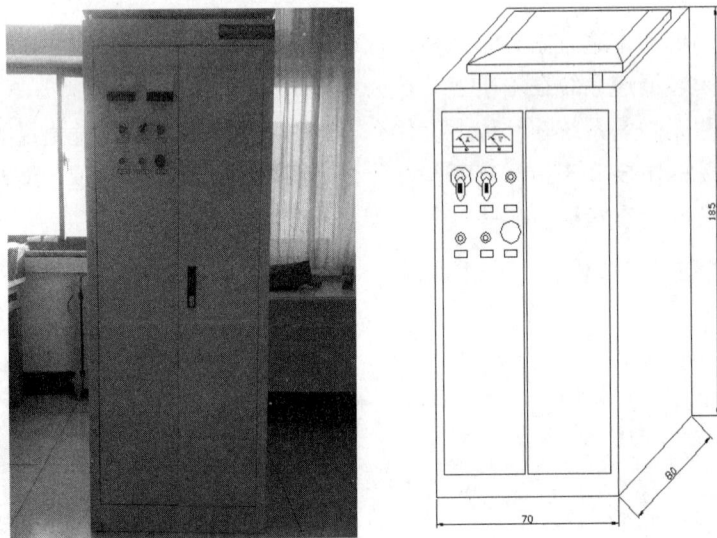

图 2-1　设备外形图及外形尺寸图

二、项目分析

系统结构图如图 2-2 所示。晶闸管直流调压/调速装置采用功能模块化设计、立柜式结构，柜内最下层安装整流变压器；柜内前面上半部分装有电源板、调节板、触发板和隔离板；下半部分装有继电线路和保护电路配电盘；柜内后面装有晶闸管门极电路、保护电路、电流截止信号取样电路和电压反馈信号取样电路；晶闸管安装在前后板之间；指示器件和操作器件安装在左前门的上部。

设备内装有保护报警电路，当快速熔断器熔断时，直流输出过流或短路，保护电路发出指令，可自动切除主电路电源，同时故障指示灯发亮，直至操作人员切断控制装置电源，故障指示灯才可熄灭。保护电路的设置提高了设备运行的安全性。

每台设备都设有独立的励磁电源。可以向直流电动机提供励磁电流。

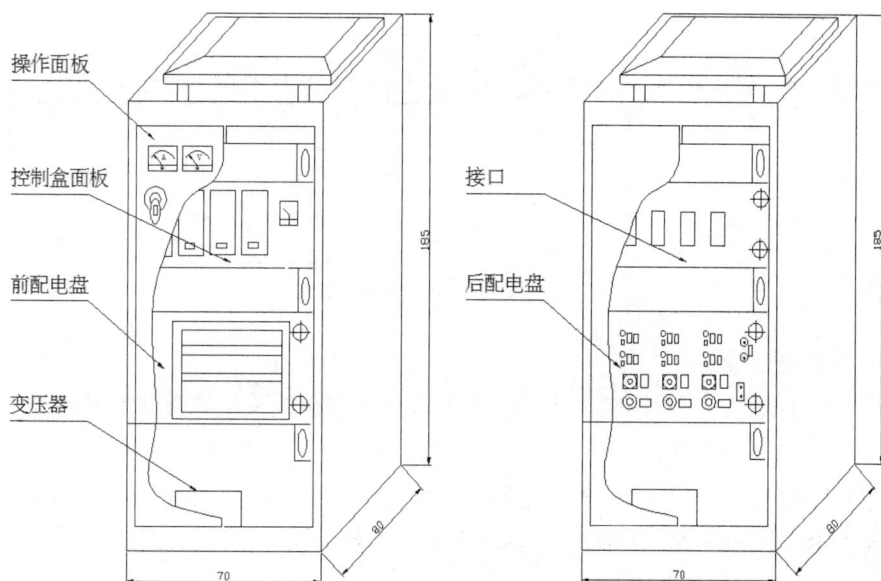

操作面板

控制盒面板

前配电盘

变压器

接口

后配电盘

图 2-2 系统结构图

三、相关知识

1. 技术数据

（1）技术数据，如表 2-1 所示。

表 2-1 技术数据

规格	额定交流输入			直流输出		调速范围	静差率	励磁输出能力	
	相数	电压（V）	电流（A）	电压（V）	电流（A）			电压（V）	电流（A）
30/230	3N	380	14.5	0～230	30	10:1	±5%	220	2
60/230	3N	380	29	0～230	60	10:1	±5%	220	2
100/230	3N	380	47.5	0～230	100	10:1	±5%	220	5

（2）起动性能：在安全工作区允许范围内可满负荷起动，加速电流允许整定在设备额定电流的 1.5 倍，起动过程平稳无冲击。

（3）过载能力：允许短时输出 1.5 倍额定电流，持续时间不大于一分钟。

（4）额定运行方式：连续。

2. 线路结构和工作原理

本装置由整流变压器、可控硅整流系统、给定环节、放大器、集成脉冲触发器、电压负反馈、电压隔离器、保护系统、励磁电源组成。

线路系统方框图如图 2-3 所示，下面简单介绍。

线路各部分的原理（其电路参照电气原理图）。

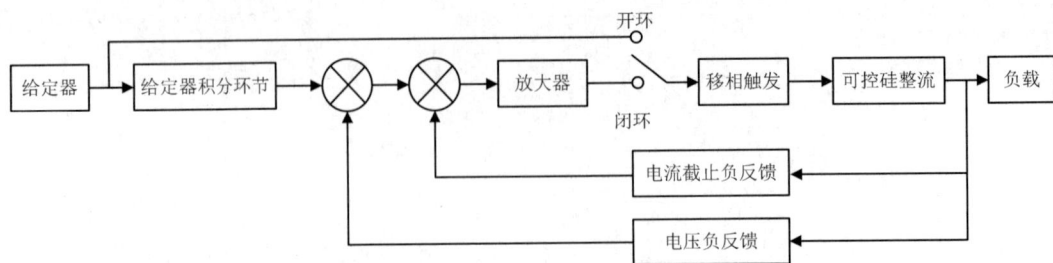

图 2-3　系统组成方框图

（1）整流变压器。

为了减少对电网波形的影响，本装置的整流变压器接线采用△/Y_0-11 方式。

（2）可控硅整流系统。

本装置主电路采用三相桥式整流电路，三相交流电经交流接触器 KM1 引至整流变压器 B1 原边，由 B1 变压经过快速熔断器 RSO 引至三相整流桥，由该整流桥整流后输出直流电源，向被控电动机电枢馈送电能。

控制晶闸管整流元件的导通角度即可调节整流桥输出的直流电压（在三相半控桥的接线方式中，其输出端应反向并联续流二极管，以保证晶闸管开通与关断）。

（3）给定环节。

由中间继电器 KA 控制的给定电源通过一个 1.2kΩ 电阻加到本装置控制盘上的给定电位器上，调节此电位器可得到 0～10V 左右的直流给定电压。

（4）放大器。

放大器回路是系统的控制核心，其采用高精度运算放大器 LM348 作为运算部件。

（5）集成脉冲触发器。

本系统采用专用的集成脉冲产生芯片 KC04 作为系统的脉冲产生电路。该芯片性能稳定可靠、移相范围宽、外围控制元件简单，是目前国内采用较多的晶闸管触发电路。

（6）电压负反馈。

本装置采用并联反馈方式，电压、电流反馈量均与给定电压并联综合。

从晶闸管输出端按一定比例反馈过来的直流电压经电压隔离器隔离后加到调节放大单元。由于给定电压和反馈电压是反极性连接，所以构成电压负反馈，加到运算放大器输入端的电压为给定电压与反馈电压的差值 ΔU，其值经 PI 调节运算后加到触发器的输入端作为触发器的控制电压。

（7）电压隔离器。

通过电压隔离器将电枢端电压的一部分进行变换、隔离后作为电压负反馈的输入信号。

由于隔离器的隔离作用，控制系统与高电压的主电路不发生直接的电联系，因此设备工作安全可靠。

（8）保护系统。

本装置在整流桥输入侧及整流桥诸元件上安设了阻容吸收装置，防止整流元件因瞬时过电压而击穿；并在整流桥输入侧安设快速熔断器，对诸整流元件进行过电压保护。此外，设备还设有信号保护系统。

1）直流输出端过流。

从电流互感器反馈过来的主回路电流加入到调节板，其值一旦超过系统的设定最大过电流值（出厂时整定在额定值的 150%），调节板内将给出一个故障信号，故障继电器 KI2 吸合，断开主电路并给出一个故障信号，LA1 得电指示。

2）快速熔断器熔断。

安装在快速熔断器输出端的 3 个 0.47μ/630V 的电容接成星形，其中点通过安装于继电器板上的缺相保护变压器 B5 接到主整流变压器副边的中性点上，当快速熔断器任何一只熔断时，变压器 B5 的副边即感应出一峰值高电压，该电压加入到调节板的保护电路上时系统保护，重复 KI2 吸合过程。

（9）励磁电源。

由整流变压器 B1 副边取出的 245V 的交流电源经单相桥整流后变为 220V 直流电源，作为电机的励磁电源。

3．使用条件和应用范围

（1）使用条件。

①海拔高度不超过 1000 米。

②环境温度为-10℃～+40℃，空气相对湿度不大于 85%。

③周围介质无腐蚀、爆炸及其他危险性气体，无严重灰尘及导电尘埃，无冰雪、雨水浸入机柜内。

④工作间通风良好，室内无剧烈震动。

（2）应用范围。

本装置为无静差调节、不可逆直流传动设备，其基本形式为单向运行，无制动式。

4．使用注意事项

（1）熟悉设备说明书。

（2）设备在使用前应认真检查各部位及每一根引线的紧固情况，如发现有松动情况，按原位置修好。

（3）本设备的零线必须与交流电源的零线牢固接好。

（4）不准带电"插""拔"插件。

（5）本设备（阻性负载式）不允许低于额定电压的 65%输出额定电流，否则会使硅元件及整流变压器超过额定的温升，致使烧毁，图 2-4 列出了其安全工作区曲线，设备连续运行不允许超过。

（6）本设备连续运行时，各部分允许温升如表 2-2 所示。

（7）设备报警后，欲解除报警，关断主令开关 QS1 即可。

（8）不能用兆欧表测本装置设备的绝缘强度，如需要时用万用表测量。

（9）如需要更换某部件时，需参照原来的规格和型号，保持线路原有性能。

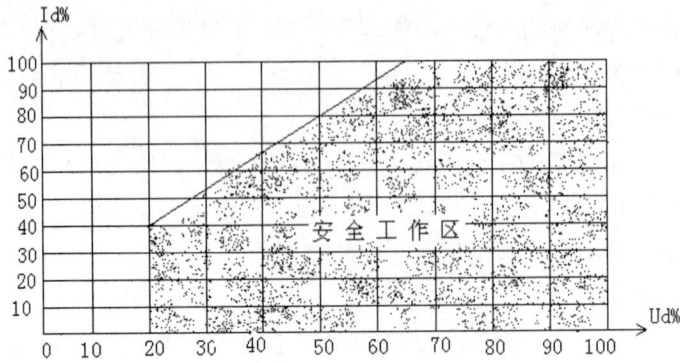

图 2-4　安全工作区曲线

表 2-2　设备连续运行时各部分允许温升

部位		温升极限（℃）	测试方法
整流变压器	绕阻	80	电阻法
	铁芯	85	点温计
铜排		35	点温计
导线螺栓固接处	镀锡	55	点温计
	镀银	70	点温计
电阻元件		待定	点温计
绝缘导线外表处		20	点温计

四、项目实施

1. 项目准备

DSC-5 型晶闸管直流调速柜 8 台，分小组进行，每组 4 人；万用表每组一个；十字螺钉旋具、一字螺钉旋具每组各一把；其他电工维修工具每组各一套。

（1）项目实施目的。

1）掌握 DSC-5 型晶闸管直流调速系统的结构及工作原理。

2）掌握 DSC-5 型晶闸管直流调速系统的调试步骤。

（2）项目实施步骤。

1）DSC-5 型晶闸管直流调速柜电气资料的准备。

2）了解 DSC-5 型晶闸管直流调速柜的使用条件和应用范围。

3）掌握 DSC-5 型晶闸管直流调速柜的使用注意事项及使用方法。

2. 各模块相关元件功能介绍

设备在出厂时均经过系统调整，符合技术条件，使用前一般无需调整，若因搬运或久置使电位器锁紧螺母松动及某些部位接触不实而影响正常工作时，如需复调可参照下述步骤进行：

（1）WYD（电源板）调试。

电源板主要由 D1～D12 共 12 个二极管组成桥式整流电路,滤波后给 LM7815 和 LM7915

集成稳压器提供电源，其输出为各控制板及脉冲变压器、过流继电器提供电源。

调试时可参照控制盒后视图检查 200 号线对 227、228、229、230、231、232 号线应为交流 17V 电压，可用万用表检测其前面板 S4 测试点对 S1 测试点应为 24V 直流电，对 S2 测试点应为+15V 直流电，对 S3 测试点应为-15V 直流电，同时前面板的 3 个发光二极管应正常发亮。

注意： 在电源板正常的情况下才允许插入其他控制板。

（2）TJD（调节板）调试。

调节板是控制电路的核心，主要由零速封锁电路、给定积分电路、I 调节电路、保护延时电路等组成。

W1：正限幅其整定值为最小整流角　　　　S1：电压给定值测试点

W2：负限幅其整定值为最小逆变角　　　　S2：PI 调节器输出值测试点

W3：截流值大小调整　　　　　　　　　　S3：过流值测试点

W4：过流值大小调整　　　　　　　　　　S4：截流值测试点

W5：过流值设定

W6：给定积分值调整

（3）CFD（触发板）调试。

触发板主要为可控硅提供双窄脉冲。

W1：斜率（U 相的斜率）　　　　　　　　S1：斜率值

W2：斜率（V 相的斜率）　　　　　　　　S2：斜率值

W3：斜率（W 相的斜率）　　　　　　　　S3：斜率值

W4：U 偏（可控硅的初相角）　　　　　　S4：U 偏值

（4）YGD（隔离板）调试。

隔离板主要是使主电路和控制电路之间不存在电气的联系。

W1：电压反馈值调整

S1：电压反馈值测试点

3．使用方法

（1）将三相四线制 380V 交流电压的 U、V、W 三相接至交流接触器 KM1 上，零点接在接线柱 N 上。

（2）被控电机的起动与停止只能由本设备的开关控制，不得在输出线中另加开关控制电机起动。

（3）接通标有"控制电源"的主令开关 QS1，控制电源接触器 KM2 吸合，控制电源接通，插件均得电。同时，直流电流互感器电源变压器 B6 得电（三相全控桥无此变压器）。

（4）接通标有"主电路接通"的主令开关 QS2，主接触器 KM1 吸合，整流变压器 B1 得电并将三相交流电送至整流桥，励磁电源得电。

（5）按下标有"给定回路得电"按钮 SB2，给定回路继电器 KA 吸合，给定回路电源接通。

（6）顺时针旋转"电压给定"电位器，电机起动并工作于给定转速。

（7）按下"给定回路断开"按钮，给定器电源切断，电机停车。

（8）关断"主电路接通"主令开关 QS2，KM1 断开，切断主电路电源。

（9）关断控制电源主令开关 QS1，KM2 失电，切断控制电路电源。

在主令开关 QS1 上并联了 KM1 的常开触点，用以保证主电路接通后控制电路，不可断电；在主令开关 QS2 回路上串联了 KM2 的常开触点，用以保证只有在控制电路得电后主电路方可得电；在给定回路中串联了 KM1 的常开触点，用以保证主电路得电后给定回路才可接通。

小提醒

①在进行继电线路和各功能板首次调试时应断续供电，以免存在故障损坏设备。

②调节反馈量时，负反馈应从最强位置往小调节。

③调锯齿波斜率时，应以示波器为准。

④设备在出厂时均经过系统调整，符合技术条件，使用前一般无需调整，若因搬运或久置使电位器锁紧螺母松动及某些部位接触不实而影响正常工作时，如需复调可参照下述步骤进行：先单元电路测试，后整机测试；先静态调试，后动态调试；先开环调试，后闭环调试；先轻载调试，后满载调试。

4. 电路故障检查流程

电路故障检查流程如图 2-5 所示。

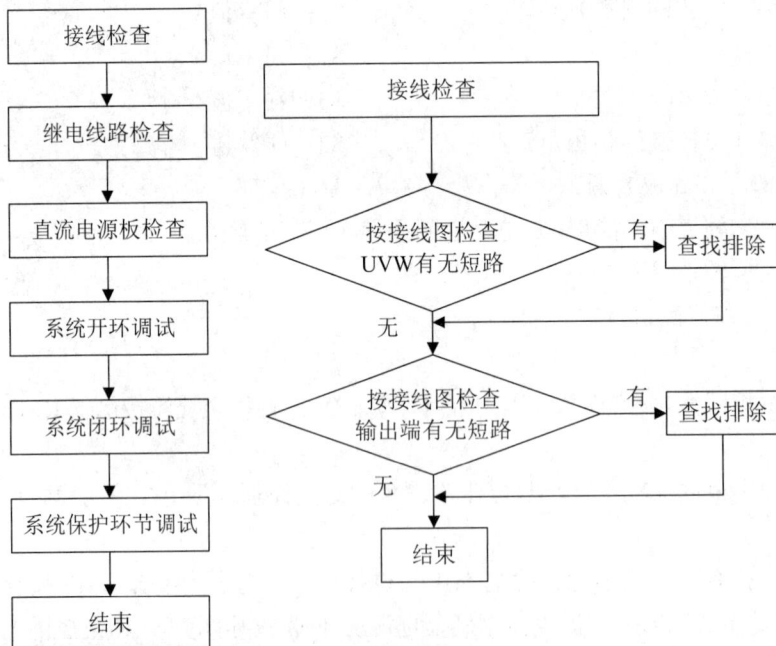

图 2-5　整体电路故障检查流程图

五、项目小结

（1）DSC-5 型晶闸管直流调速装置，专供拖动直流电动机调速用，也可作为可调直流电源使用。以晶闸管整流器将交流电整流成为可调直流电，对直流电动机电枢供电，并引入电压负反馈、电流截止负反馈等，组成自动稳速的无级调速系统。

（2）晶闸管直流调压/调速装置采用功能模块化设计、立柜式结构，柜内最下层安装整流变压器；柜内前面上半部分装有电源板、调节板、触发板和隔离板；下半部分装有继电线路和保护电路配电盘；柜内后面装有晶闸管门极电路、保护电路、电流截止信号取样电路和电压反馈信号取样电路；晶闸管安装在前后板之间；指示器件和操作器件安装在左前门的上部。

（3）DSC-5 型晶闸管直流传动装置由晶闸管整流系统给定器、放大器、集成移相脉冲触发器、电压负反馈、电流截止负反馈、信号保护系统和励磁电源等组成。

六、知识拓展

1. 直流调速装置采用的保护

晶闸管直流调速装置采用过电压保护、缺相保护、过流保护、截流保护、零速封锁保护、短路保护、电压反馈隔离保护等。

2. 整流变压器的作用

（1）与直流输出的电压的额定值匹配。

（2）直流侧与交流电网隔离。

（3）给直流电动机提供合适的励磁。

（4）给缺相保护电路提供参考点。

3. 直流调速装置引入的主要反馈

（1）电压负反馈：防止电网波动对直流输出电压的影响和负载变化对输出电压的影响，提高调节速度、稳定转速、提高机械特性、加快过渡过程。

特点：反馈电压极性为正，在 PI 调节器的输入端与给定电压（负极性）进行代数相加。电压负反馈中加入的电压隔离电路，避免了控制电路与主电路之间的直接电路接触，提高了系统的安全性。

（2）电流截止负反馈：限制负载电流，当负载电流上升到某一值时，通过降低电压的方法来限制电流的上升。

特点：采用交流互感器作为负载电流检测器件，电流反馈以电压形式来体现。

七、思考与练习

1. DSC-5 型晶闸管直流调速柜线路结构由哪几部分组成？

2. DSC-5 型晶闸管直流调速柜的主要用途是什么？

3. 简述 DSC-5 型晶闸管直流调速柜的使用注意事项。

4. 简述 DSC-5 型晶闸管直流调速柜的使用方法。

5. DSC-5 型晶闸管直流调速柜的整流变压器接线采用什么方式？

项目三　主电路调试与维护

一、项目导入

在 DSC-5 型直流调速柜中采用三相全控桥（或三相半控桥）式整流电路，这种电路多用于中等容量装置或不可逆的直流电动机使动系统中（在三相半控桥中需要加续流二极管）。主电路的核心是由 6 个晶闸管组成的三项全控桥式整流器（简称三相全电桥），如图3-1 所示。

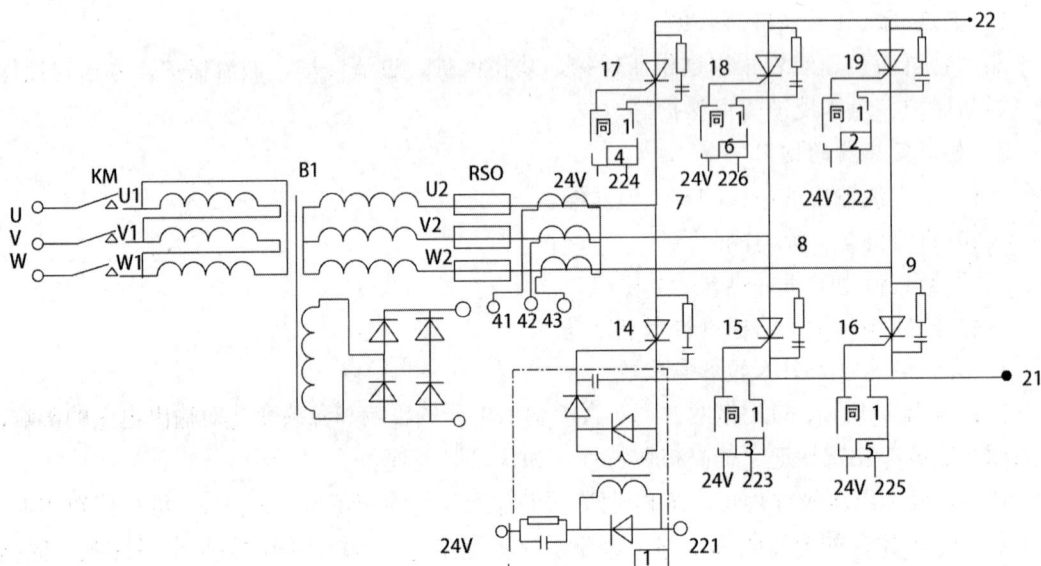

图 3-1　晶闸管可控整流电路图

二、项目分析

整个主电路以三相全控桥为核心，三相交流电经交流接触器 KM 引至整流变压器原边，经电压变换后过快速熔断器引至三相桥式可控整流电路，经整流后输出直流电源，向负载馈送电能。通过控制晶闸管整流元件的导通角度，就可以调节整流电路的输出直流电压。

晶闸管可控整流系统为了工作，需要有同步变压器为控制电路提供同步信号，以配合主电路。同步就是使两个交流信号在相位上保持某一种对应关系。DSC-5 型晶闸管直流调压柜的同步变压器也采用的是 Δ/Y_0-11 接法，所以其同步电压和整流桥的输入电压同相位，同步电压为 30V。同时同步变压器还有额外绕组，给控制电路提供工作电源。

另外在整流变压器上还有一个额外的副边绕组，其输出电压为 245V，经单相整流桥整流后变为 220V 直流电源，可以作为直流电动机的励磁电源。

三、相关知识

1. 三相全控桥整流电路（电阻性负载）

三相桥式全控整流电路实质上是一组共阴极半波可控整流电路与共阳极半波可控整流电路的串联，共阴极半波可控整流电路实际上只利用电源变压器的正半周期，共阳极半波可控整流电路只利用电源变压器的负半周期，如果两种电路的负载电流一样大小，可以利用同一电源变压器，即两种电路串联便可以得到三相桥式全控整流电路，电路的组成如图3-2所示。

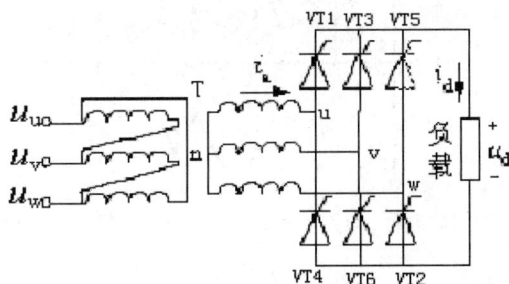

图 3-2 三相全控桥式整流电路（电阻性负载）主电路

（1）自然换相点（$\alpha = 0°$ 的地方）：为相邻相电压或线电压的交点，它距相电压波形的原点30°，距对应线电压波形原点60°。

（2）在 $\alpha = 0°$ 时，相当于二极管电路不可控整流情况，单相整流电路输出电压波形为正弦电压正半周波形，三相半波输出电压波形为三相电压正向包络线，而三相桥式整流电路输出电压波形是三相相电压正负包络线，即6个线电压正向包络线。

（3）移相范围 $\alpha = 0° \sim 120°$。

在 $0° \leqslant \alpha \leqslant 60°$ 范围内，波形连续，输出平均电压 $U_d = 2.34U_2 \cos\alpha$。

当 $\alpha > 60°$ 时，波形断续，输出平均电压 $U_d = 2.34[1 + \cos(\pi/3 + \alpha)]$。

（4）$\alpha = 30°$ 的输出电压 U_d 波形及 VT1 上的电压波形如图3-3所示。

（5）$\alpha = 60°$ 的输出电压 U_d 波形及 VT1 上的电压波形如图3-4所示。

（6）$\alpha = 90°$ 的输出电压 U_d 波形及 VT1 上的电压波形如图3-5所示。

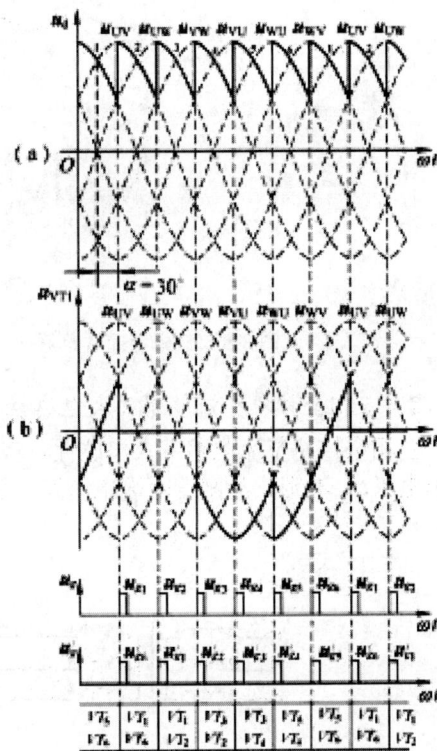

图 3-3 三相全控桥整流（电阻性负载）
$\alpha = 30°$ 时负载上及 VT1 上的电压波形

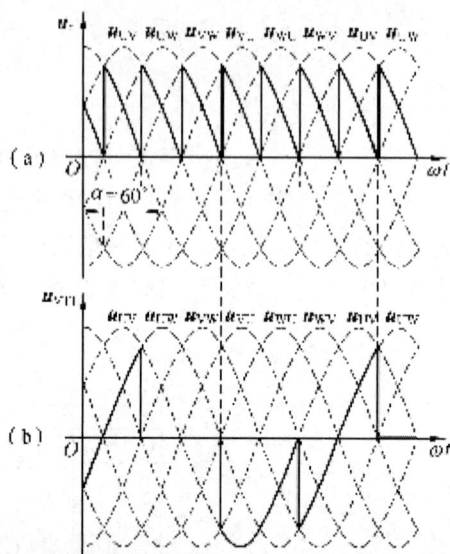

图 3-4　三相全控桥整流（电阻性负载）$\alpha = 60°$ 负载上及 VT1 上的电压波形

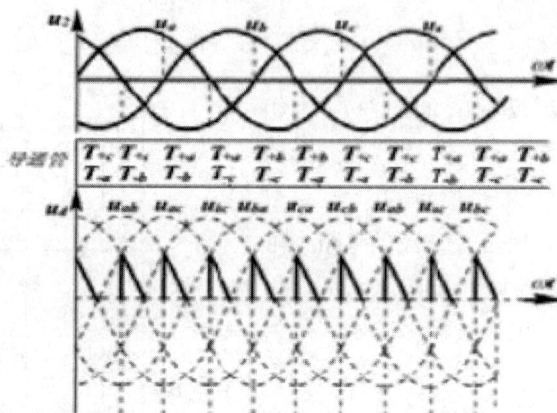

图 3-5　三相全控桥整流（电阻性负载）$\alpha = 90°$ 负载上的电压波形

2. 三相全控桥整流电路（大电感性负载）

三相全控桥整流电路带大电感性负载（主电路如图 3-6 所示），当 $\alpha \leqslant 60°$ 时，负载两端输出电压 U_d 波形、晶闸管两端电压波形的分析方法与电阻性负载相同，这里不再重复分析。

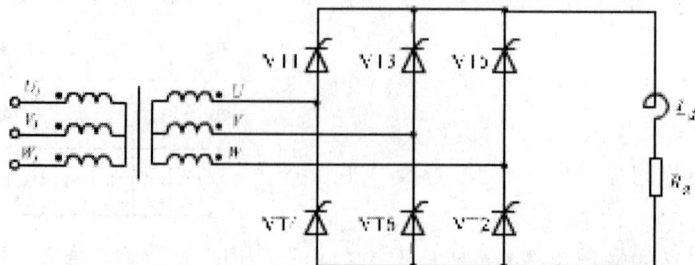

图 3-6　三相全控桥式整流电路（大电感性负载）主电路

（1）三相全控桥整流大电感性负载电路，在不接续流二极管的情况下，当 $\omega L_d \gg R_d$，$\alpha \leqslant 90°$，u_d、i_d 波形连续时，在一个周期内各相晶闸管轮流导通 120°。

（2）移相范围为 $\alpha = 0° \sim 90°$。

（3）输出电压 u_d 在 $0° \leqslant \alpha \leqslant 60°$ 范围内波形连续，当 $\alpha > 60°$ 时，波形出现负半周。

（4）在控制角 $\alpha = 0° \sim 90°$ 范围内变化时，晶闸管阳极承受的电压波形分为三部分：晶闸管导通时，$u_{VT} = 0$（忽略管压降），其他任一相导通时，都使晶闸管承受相应的线电压。

（5）$\alpha = 90°$ 的输出电压 U_d 波形及 VT1 上的电压波形如图 3-7 所示。

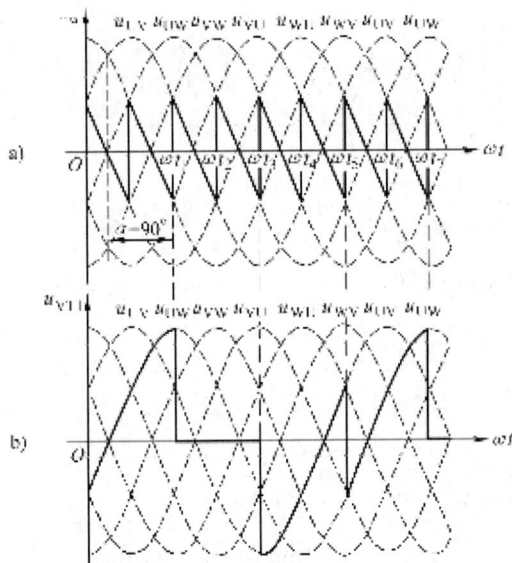

图 3-7　三相全控桥整流（大电感性负载）$\alpha = 90°$ 负载上的电压波形

（6）三相全控桥整流电路（大电感性负载）$\alpha = 90°$ 时，输出电压波形正负面积相等，输出直流平均电压值为 0，为了解决输出直流平均电压波形出现负半周的情况，一般都加装续流二极管。

（7）三相全控桥整流电路（大电感性负载）带续流二极管主电路及 $\alpha = 90°$ 时，负载上的电压波形如图 3-8 所示。

3. 三相半控桥整流电路（电阻性负载）

（1）三相半控桥式整流电路只用 3 个晶闸管，只需 3 套触发电路，不需要大于 60° 的宽脉冲或双脉冲触发，因此线路简单经济、调整方便。

（2）三相半控桥式整流电阻性负载电路在 $\alpha \leqslant 60°$ 时波形连续，晶闸管导通角 $\theta_T = 120°$；$\alpha > 60°$ 时出现波形断续，晶闸管的导通角 $\theta_T < 120°$；$\alpha = 60°$ 为临界连续点。

（3）移相范围为 $\alpha = 0° \sim 180°$。

（4）三相半控桥整流（电阻性负载）主电路如图 3-9 所示，各控制角下负载上的电压波形及晶闸管上的电压波形如图 3-10 所示。

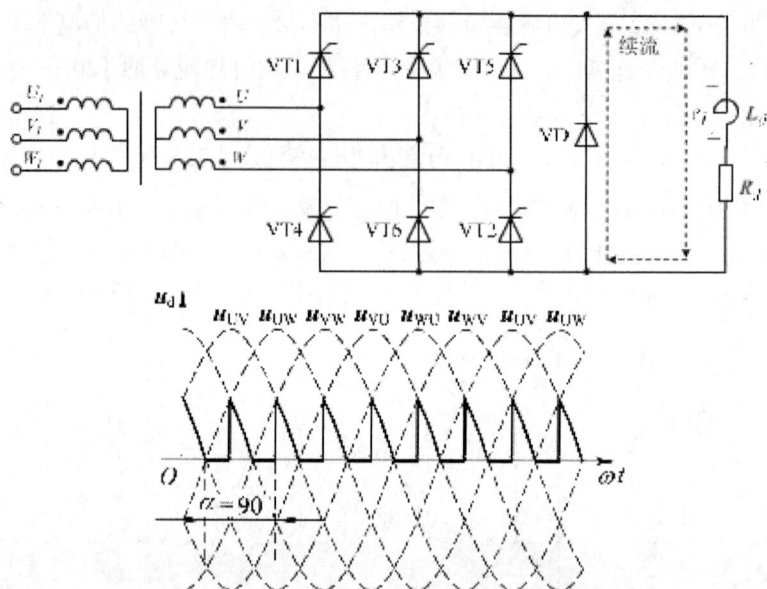

图 3-8   三相全控桥整流（大电感负载）带续流二极管的主电路图及负载上的电压波形

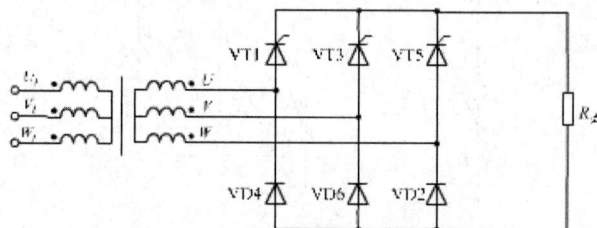

图 3-9   三相半控桥整流电路（电阻性负载）

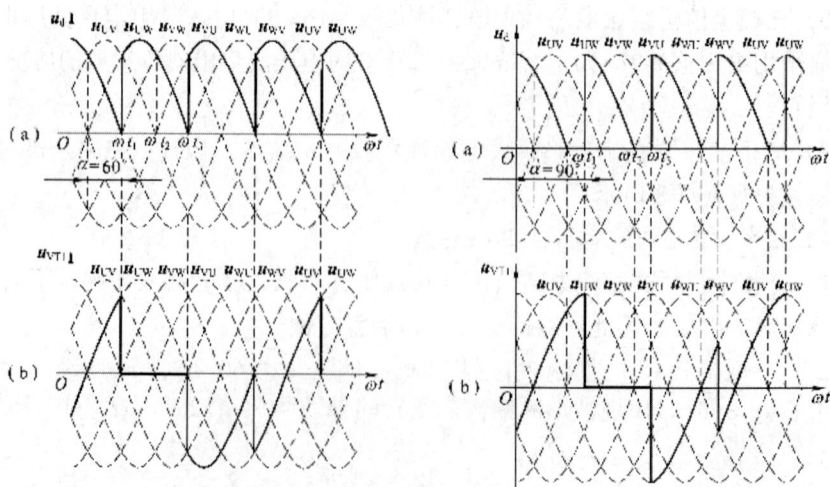

图 3-10   各控制角下负载上的电压波形及晶闸管上的电压波形

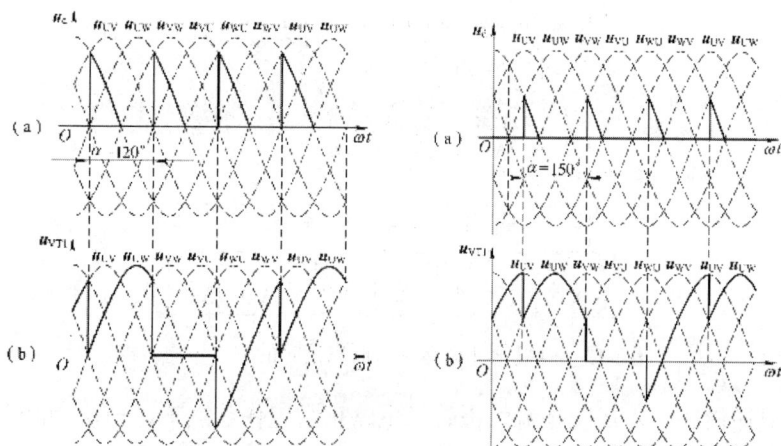

图 3-10　各控制角下负载上的电压波形及晶闸管上的电压波形（续图）

4. 三相半控桥整流电路（大电感性负载）

三相半控桥整流（大电感性负载）主电路、$\alpha = 90°$ 时负载上的电压波形及晶闸管上的电压波形如图 3-11 所示。

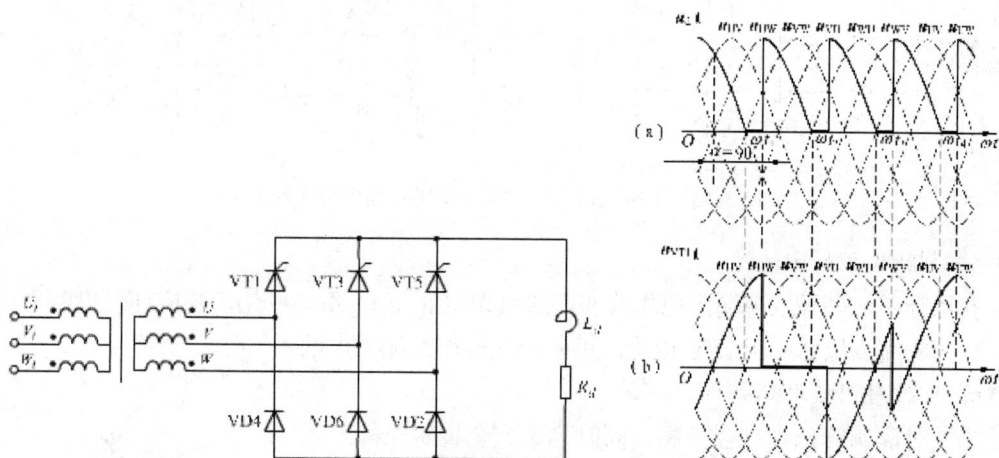

图 3-11　三相半控桥整流（大电感负载）主电路、$\alpha = 90°$ 时负载上的电压波形及晶闸管上的电压波形

（1）三相半控桥式整流大电感负载电路工作时，在电感自感电动势的作用下，桥路二极管可以起到自然续流的作用，输出电压波形与三相半控桥整流电阻性负载电路时相同。

（2）当电感足够大时，负载电流连续，每只晶闸管在一个周期内导通180°。

（3）移相范围为 $\alpha = 0° \sim 180°$。

（4）三相半控桥式整流大电感负载电路在正常工作时，当触发脉冲突然丢失或把控制角突然调到180°以外时，将会出现导通的晶闸管不能关断而和 3 个二极管轮流导通的现象，使整个电路处于失控状态。

我们以正常工作状态下晶闸管 VT3 已经导通，触发脉冲突然丢失为例来进行分析，失控时的输出电压波形如图 3-12 所示。

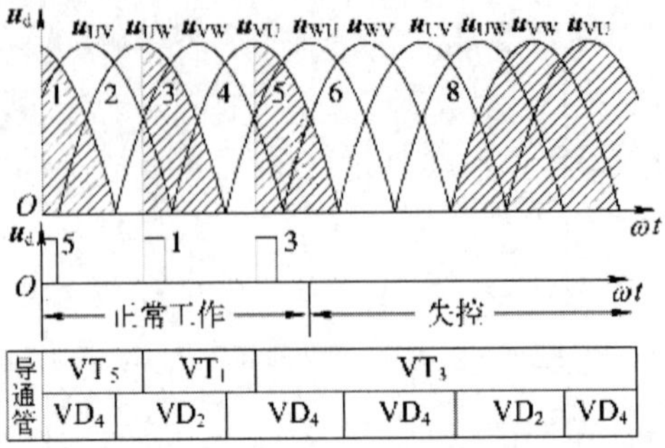

图 3-12   触发脉冲突然丢失而失控时的输出电压波形

为解决上述问题，需加装续流二极管。电路正常工作状态下，当 $\alpha < 60°$ 时，续流二极管 VD 在电路中不起作用，管子内没有电流流过；当 $\alpha > 60°$ 时，在线电压过零变负期间，续流二极管 VD 在电感的自感电动势作用下导通进行续流，续流电流方向如图 3-13 所示。

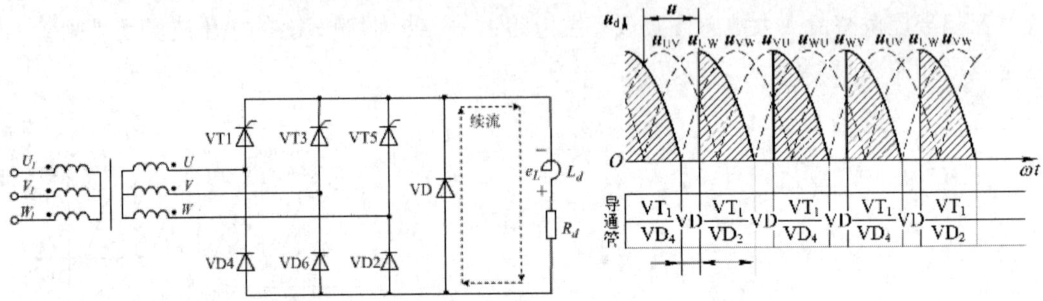

图 3-13   加装续流二极管后主电路及输出电压波形

5. 判断失控的方法

在运行中，如果发现输出电压改变，通过调整 α 角 U_d 不再变化，则应怀疑电路失控。三相整流变压器采用 D/Y 接法，可防止三次谐波流入电网。

6. 可控硅门极电路分析

为了对晶闸管元件进行控制，同时为了安全，每个晶闸管元件门极都连接了以脉冲变压器为核心的门极触发电路。门极触发电路的脉冲变压器保证了强电工作部分（晶闸管元件）和弱电控制部分（电子电路）电气上的隔离，防止高电压串入低电压，从而引发危险，门极触发电路的原理图如图 3-14 所示。

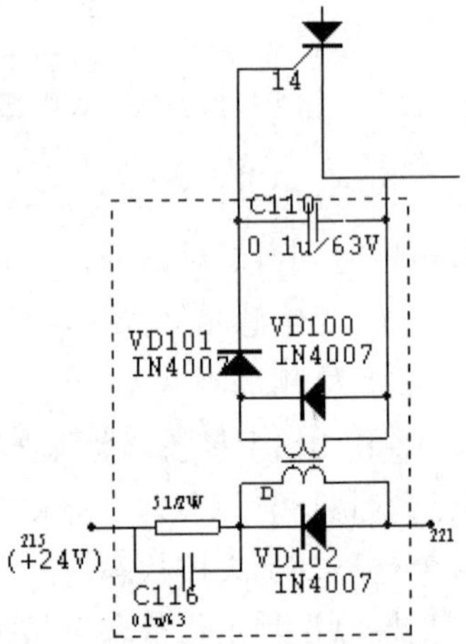

门极触发电路中的电阻是限流保护电阻，是为了防止触发脉冲过宽时脉冲变压器饱和，从而导致脉冲变压器线圈失去感抗，大电流流过脉冲变压器线圈进而导致线圈烧毁而设计的，电容是加速电容，是为了在触发脉冲的前沿产生强触发效果，加速晶闸管导通过程而设计的。和脉冲变压器线圈并联的二极管是泄放二极管，是

图 3-14   门极触发电路的原理图

为了给门极触发电路在脉冲消失的时候线圈里面的感应电动势一个泄放的通道，防止该感应电动势损坏别的元器件。和晶闸管门极串联的二极管的作用是保证晶闸管门极只能获得正向脉冲，防止晶闸管门极承受负电压损坏或误动作。

各元件的作用如下：

- C110：抗干扰，防止误触发。
- VD100：防止负脉冲进入。
- VD101：为脉冲变压器副边提供放电回路。
- VD102：为脉冲变压器原边提供放电回路。
- C116：使脉冲前沿陡峭。

当有输出脉冲时，即 T 导通。在开始的一瞬间电容 C116 对于一个突变的信号相对短路，而后来才逐渐发挥作用，所以可以使脉冲上升沿陡峭从而保证触发时间的准确。

四、项目实施

1. 项目准备

DSC-5 型晶闸管直流调速柜 8 台，分小组进行，每组 4 人；万用表每组一个；十字螺钉旋具、一字螺钉旋具每组各一把；其他电工维修工具每组各一套。

（1）项目实施目的。

1）掌握 DSC-5 型晶闸管直流调速系统主电路的结构及工作原理。

2）掌握 DSC-5 型晶闸管直流调速系统主电路的调试步骤。

（2）项目实施步骤。

1）DSC-5 型晶闸管直流调速柜电气资料的准备。

2）DSC-5 型晶闸管直流调速柜主电路的调试。

3）DSC-5 型晶闸管直流调速柜门极可控硅触发电路的调试。

2. 主电路板调试步骤

（1）接通电源板并闭合控制回路，用万用表测量各点与对应地线（200#）之间的电压值，各电压值均为交流 17V。

+a：227#；-a：228#；+b：229#；-b：230#；+c：231#；-c：232#。

（2）接通电源板并闭合控制回路，在电源板面板上的测量孔测量输出是否正常。

1）214#对 200#，应为直流-15V。

2）215#对 200#，应为直流+24V。

3）213#对 200#，应为直流+15V。

（3）用引出线接通电源板，对电路内部进行测量。

1）整流后的电压：直流。

2）C3 两端电压：直流。

3）C4 两端电压：直流。

4）变压器 B1 副边输出电压为交流。

小提醒

本系列设备主电路采用三相全控桥，用交流电流互感器检测负载电流。设备内装有保护报警电路，当快速熔断器熔断时，直流输出过流或短路，保护电路发出指令，可自动切除主电路电源，同时故障指示灯发亮，直至操作人员切断控制装置电源故障指示灯才可熄灭，保护电路的设置提高了设备运行的安全性。

3. 主电路板故障分析

主电路板的常见故障原因和故障点如表 3-1 所示，应用时可以参考。

表 3-1　隔离板的常见故障原因和故障点分析

序号	故障现象	故障区域（点）	排查方法（或原因）
1	没有输出电压 U_d=0V	断开负载，晶闸管不能导通，电流 I_d 没有达到 I_h，可控硅不能导通	
2	电路保护起动	断开快熔，缺相保护	
3	没有+15V 输出，其他正常	断开 7815 的输入或输出	检查 7815 的输入电压正常，输出为 0V，电阻法检查接线
4	没有-15V 输出，灯不亮	断开 7915	
5	对应该相脉冲没有输出	11、Kco4 损坏	据 U_d 和 U_{vt} 波形判断故障
6	开环正常，闭环没有 U_K 输出，U_d=0	断开+15V 或-15V	LM324 没有电压，无法正常工作

五、项目小结

（1）三相全控桥整流电路中两只管子同时导通才能形成供电回路，其中共阴极组和共阳极组各一个，且不能为同一相器件。

（2）对触发脉冲的要求：按 VT1→VT2→VT3→VT4→VT5→VT6 的顺序相位依次差 60°。共阴极组 VT1、VT3、VT5 的脉冲依次差 120°，共阳极组也依次差 120°，同一相的上下两桥臂相差 180°。

（3）U_d 一个周期脉动 6 次，每次脉动的波形都一样，故该电路为 6 脉波整流电路。需要保证同时导通的 2 个晶闸管均有脉冲，可以采用两种方法：宽脉冲触发和是双脉冲触发。

（4）三相半控桥式整流电路只要三只晶闸管、只需三套触发电路、不需要宽脉冲或双脉冲触发、线路简单经济、调整方便。电路结构上三相半控桥式整流电路比三相全控桥更简单、经济，而带电阻性负载时性能并不比全控桥差，所以多用在中等容量或不要求可逆拖动的电力装置中。

（5）三相半控桥式整流电路是把全控桥中共阳极组的 3 个晶闸管换成整流二极管，因此它具有不可控和可控两者的特性，其显著特点是共阴极组元件必须触发才能换流，共阳极元件总是在自然换流点换流。

（6）三相半控桥式整流电路一周期中仍然换流 6 次，3 次为自然换流，其余 3 次为触发换流，这是与全控桥根本的区别。改变共阴极组晶闸管的控制角 α，仍可获得 0～2.34U_2 的直流可调电压。

六、知识拓展

1. 晶闸管可控整流电路对电源系统电压的要求

整流电路在工作过程中，要按照电源电压的变化规律周期性地切换整流工作回路。为保证在稳定工作状态下能均衡工作，使输出电压电流波形变化尽可能小，要求电源系统为对称的，且电压波动在一定范围之内。

2. 自然换相与自然换相点

在不可控整流电路中，整流管将按电源电压变化规律自然换相，自然换相的时刻称为自然换相点。

在同一接线组中，除导通的一相元件外，其他相元件均应承受反向电压。

对于共阴极组接法的半波不可控整流电路而言，为高通电路，即总是相电压最高的一相元件导通。所以，自然换相点在相邻两相工作回路电源电压波形正半周交点，输出电压波形为电源电压波形正半周包络线。

对于共阳极组接法的半波不可控整流电路而言，为低通电路，即总是相电压最低的一相元件导通。所以，自然换相点在相邻两相工作回路电源电压波形负半周交点，输出电压波形为电源电压波形负半周包络线。

3. 负载性质对电路工作的影响

（1）电阻性负载。

特点：电压、电流的波形相同。

（2）电感性负载（主要指电感与电阻串联的电路）。

特点：负载电流不能突变，波形分为连续和不连续两种情况。

（3）电容性负载（整流输出接大电容滤波）。

特点：由于电容电压也不能突变，所以晶闸管刚一触发导通时电容电压为 0，相当于短路，因而就有很大的充电电流流过晶闸管，电流波形呈尖峰状。因此为了避免晶闸管遭受过大的电流上升率而损坏，一般不宜在整流输出端直接接大电容。

（4）反电动势负载（整流输出供蓄电池充电或直流电动机，即负载有反电动势）。

特点：只有当输出电压大于反电动势时才有电流流通，电流波形也呈较大的脉动。

七、思考与练习

1. 分析 $\alpha = 75°$ 时 U_d 的波形。

2. 分析 U_{g1} 丢失，有续流二极管的 U_d 的波形。

3. 分析 VT1 断路时 U_d 的波形。

4. 分析 V 相断路时 U_d 的波形。

5. 比较三相全控桥电路与三相半控桥电路的优缺点。

项目四　继电控制电路调试与维护

一、项目导入

晶闸管可控整流装置一般可分为两大部分：主电路部分（强电部分）和控制电路部分（弱电部分），主电路在控制电路的控制下输出确定的直流电压。控制电路除了完成必需的脉冲形成、脉冲移相等作用外，还具有检测和保护作用。在晶闸管可控整流装置中，不允许在控制电路未通电的情况下给主电路通电。另外，为了防止主电路通电时输出的突然冲击，规定在主电路未闭合前给定器不允许输出有效控制信号，所以给定器必须在主电路闭合后才能工作。为此系统需要设置继电控制电路。

二、项目分析

系统的继电控制系统如图 4-1 所示。其中的 QS1,QS2 均为主令开关，SB1,SB2 为操作按钮；KM1 为主电路接通接触器，用来接通或断开三相整流变压器与电网的联系；KM2 为控制回路接通继电器，用来接通或断开为控制电路提供电源的同步变压器与电网的联系；KA 为给定回路接通继电器；K12-1、K12-2 为过流继电器的一对触点，当系统发生过流时，K12 动作，切断主电路，点亮故障指示灯。

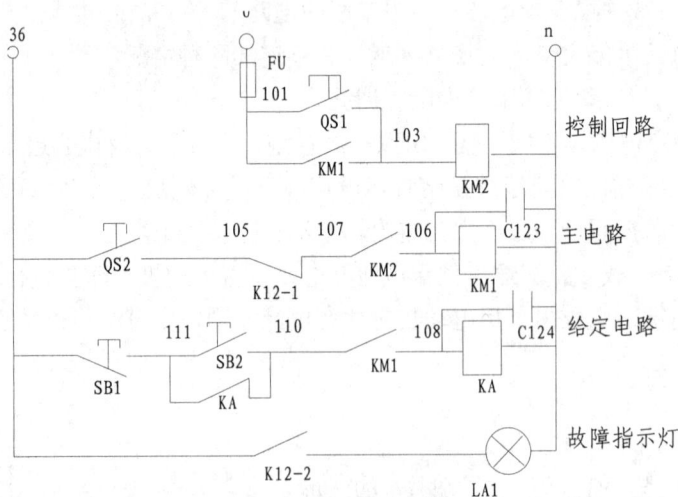

图 4-1　继电控制电路原理图

按照上述电路，在 K12 不动作的情况下，只有 QS1 闭合，控制回路接通继电器 KM2 起动后 QS2 才能起动主电路接通接触器 KM1，并且 KM1 吸合后，即使断开 QS1，KM2 也不会断开；只有主回路接通继电器 KM1 起动后，给定回路接通继电器 KA 才能被 SB2 起动按钮起动并且会自锁。由中间继电器 KA 控制的给定电源通过一个 1.2kΩ 电阻加到控制盘上的给定电位器（速度/电压调节电位器），调节此电位器可得到 0～10V 左右的直流给定电压。

三、相关知识

1. 工作原理分析

起动：

（1）闭合 QS1（本身带自锁），KM2 线圈得电，主触头闭合，将 U、V、W 和 36、37、38 接通，使同步和电源变压器得电，控制电路开始工作；36#线得电和 KM2 辅助常开触头的闭合为主电路给定回路的接通做好准备；电源板上三个指示灯亮。

（2）闭合 QS2（本身带自锁），KM1 线圈得电，主触点接通三相电源与主变压器得电；KM1 的辅助常开触点闭合：①使控制电路接触器 KM2 线圈始终接通，保证主电路得电时控制电路不能被切断；②为给定回路的接通做好准备。

（3）按下 SB2，给定回路接通，KA 得电自锁，进行完（1）、（2）、（3）后起动完成。

停止：

（1）按下 SB1，切断给定回路。

（2）断开 QS2，切断主电路。

（3）断开 QS1，切断控制电路。

2. 给定回路原理

给定回路原理图如图 4-2 所示，KA 闭合后+15V 接通，KA 线圈不得电时-15V 接通。

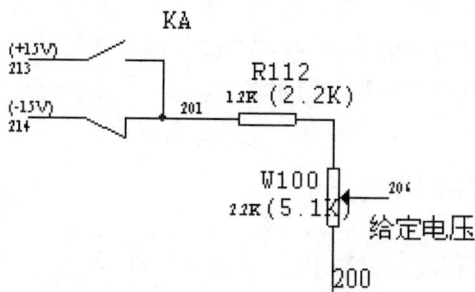

图 4-2　给定回路原理图

小提醒：在继电控制电路中的一些问题。

①与 QS1 并联的 KM1 辅助常开触点的作用。

当 KM2 得电后，KM1 才能得电。依靠 KM1 线圈前的 KM2 常开完成顺序控制。但一旦 KM1 闭合后 KM2 将无法断开，是由并联在 QS1 上的 KM1 触头实现的，其作用是保证控制电路得电后主电路才能得电，而主电路没有断电时控制电路不能断电，主电路得电而控制电路不工作，容易出现事故。

②KA 控制接通 ±15V 的作用。

防止干扰，-15V 时强抗扰。

四、项目实施

1. 项目准备

DSC-5 型晶闸管直流调速柜 8 台，分小组进行，每组 4 人；万用表每组一个；十字螺钉旋具、一字螺钉旋具每组各一把；其他电工维修工具每组各一套。

（1）项目实施目的。

1）掌握继电控制电路的结构和工作原理。

2）掌握继电控制电路的调试步骤。

3）掌握继电控制电路的排除故障方法。

（2）项目实施步骤。

1）DSC-5 型晶闸管直流调速柜继电控制电路电气资料的准备。

2）读懂 DSC-5 型晶闸管直流调速柜继电控制电路的电气原理图和接线图。

3）应用继电控制电路的调试步骤进行调试训练。

4）设置模拟故障，应用继电控制线路的故障检修方法进行排除故障练习。

2. 继电控制线路调试步骤

（1）起动。

闭合 QS1（本身带自锁），KM2 线圈得电，主触头闭合，将 U、V、W 和 36、37、38 接通，使同步和电源变压器得电，控制电路开始工作；36#线得电和 KM2 辅助常开触头的闭合为主电路和给定回路的接通做好准备。

闭合 QS2（本身带自锁），KM1 线圈得电，主触点接通三相电源与主变压器得电，KM1 的辅助常开触点闭合：①使控制电路接触器 KM2 线圈始终接通，保证主电路得电时控制电路不能被切断；②为给定回路的接通做好准备。

按下 SB2，给定回路接通，KA 得电自锁，起动完成。

调节给定电位器，逐渐增加至最大。

（2）停止。

1）调节给定电位器，逐渐减至最小。

2）按下 SB1，切断给定回路。

3）断开 QS2，切断主电路。

4）断开 QS1，切断控制电路。

3. 继电控制电路故障分析

继电控制电路故障分析如表 4-1 所示。

表 4-1　继电控制电路故障分析

序号	故障现象	可能出现的原因
1	KM1 不闭合	1）U 相电压为 0，此时 KM2 也不闭合 2）KM2 主触头没有闭合及其接线开路 3）U 相保险及其电路断开

序号	故障现象	可能出现的原因
1	KM1 不闭合	4）QS2 无法闭合及外部接线断路 5）K12—I 断路 6）KM2 常开闭合不上 7）KM1 线圈或外接线断路 检测方法：用万用表电压挡测量 U 到 N 是否为 220V，正常，闭合 QS1 测量 KM2 闭合情况，36 到 N 是否为 220V，闭合 QS2，测量 105、107、106 是否正常。
2	KA 不闭合	1）电源缺相 U 到 33 2）KM2 主触头闭合不上，33 到 36 3）SB1 常闭按钮开始，36 到 110 4）SB2 起动按钮无法闭合，110 到 111 5）KM1 常开连锁触头无法闭合，111 到 108 6）KA 线圈或外部接线开始
3	KA 不能自锁	停止按钮 SB1 无法断开或短路，36 到 110
4	KM1 闭合，KA 闭合，并不停地闭合打开	KA 的锁常开或常闭
5	主电路故障，断开负载，没有输出电压 U_d=0V	1）电流 I_d 没有达到设计值，可控硅不能导通 2）快速熔断器断开 3）电路保护，缺相保护起动

4. 继电控制电路故障检查流程

继电控制电路故障检查流程如图 4-3 所示。

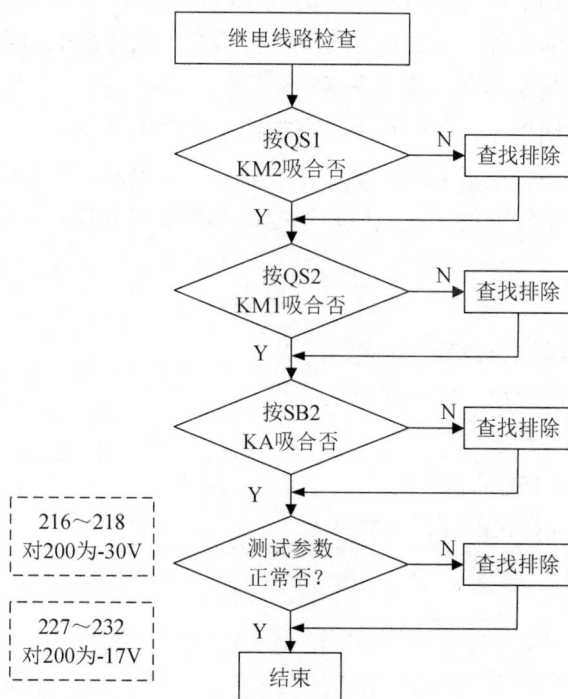

图 4-3　继电线路检查流程图

五、项目小结

（1）晶闸管可控整流装置一般可分为两大部分：主电路部分（强电部分）和控制电路部分（弱电部分），主电路在控制电路的控制下输出确定的直流电压；控制电路除了完成必需的脉冲形成、脉冲移相等作用外，还具有检测和保护作用。

（2）在晶闸管可控整流装置中，不允许在控制电路未通电的情况下，给主电路通电。另外，为了防止主电路通电时输出的突然冲击，规定在主电路未闭合前，给定器不允许输出有效控制信号，所以给定器必须在主电路闭合后才能工作。为此系统需设置继电控制电路。

（3）系统的继电控制线路图中的 QS1,QS2 均为主令开关，SB1,SB2 为操作按钮；KM1 为主电路接通接触器，用来接通或断开三相整流变压器与电网的联系；KM2 为控制回路接通继电器，用来接通或断开为控制电路提供电源的同步变压器与电网的联系；KA 为给定回路接通继电器。KI2-1，KI2-2 为过流继电器的一对触点，当系统发生过流时，KI2 动作，切断主电路，点亮故障指示灯。

六、知识拓展

1. 电器自动控制原理图的绘制原则

（1）控制线路由主电路和控制电路组成。

（2）属同一电器元件的不同部分，可按其功能和所接电路的不同分别画在不同的电路中，但必须标注相同的文字符号。

（3）所有电器的图形符号均按通电前的状态绘制。

（4）与电路无关的部件（如铁心、支架、弹簧等）在控制电路中不画出。

2. 分析和设计控制电路时应注意事项

（1）使控制电路简单，电器元件少，且工作又要准确可靠。

（2）尽可能避免多个电器元件依次动作接通另一个电器的控制电路。

（3）必须保证每个线圈的额定电压，不能将两个线圈串联。

七、思考与练习

1. KM1 辅助常开触点与 QS1 并联的作用？

2. KM2 辅助常开触点与 KM1 串联的作用？

3. 设置继电控制电路的目的？

4. KA 控制接通 ±15v 的作用？

5. KA 不闭合可能存在的原因有哪些？

项目五　电源电路调试与维护

一、项目导入

DSC-5 型晶闸管直流调速系统电源板的输入为 6 组 17V 交流电源，经过整流后得到 +15V，+24V，-15V 和 0V 四个电位，为给定板、调节板、隔离板、触发板提供工作的直流电源，确保电路工作。电源板外形如图 5-1 所示。

图 5-1　电源板实物图

二、项目分析

直流电源板电路如图 5-2 所示。当控制回路接通继电器 KM2 动作，电网电压加入同步变压器后，由同步变压器提供的三相±17V 交流电进入电源电路，其矢量图与线号标注如图 5-3 所示。利用 12 个整流二极管对其进行整流可以获得一个非稳压的 24V 直流电信号，同时利用三端集成稳压器 LM7815 和 LM7915 进行稳压可以获得+15V 直流稳压信号和-15V 直流稳压信号，三个信号都有指示灯指示，并在 WYD 面板上的三个插孔可以分别测量到三个电压是否正常。

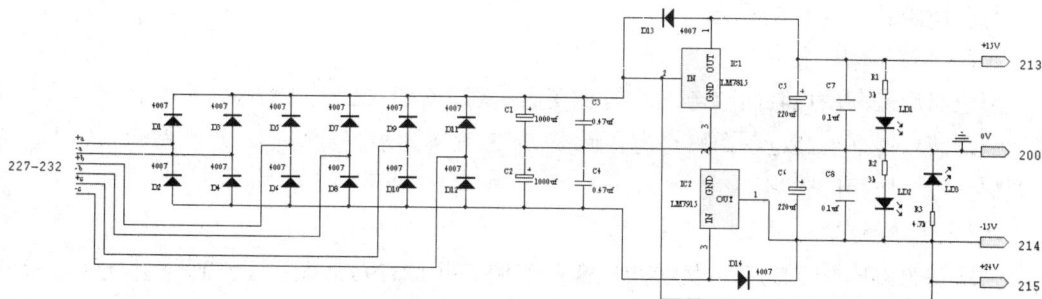

图 5-2　电源板电路原理图

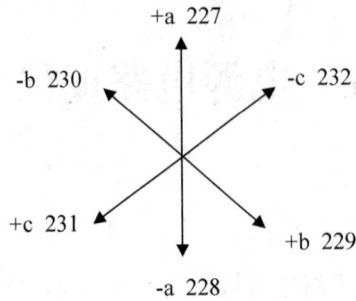

图 5-3　矢量图与线号标注

三、相关知识

1. 整流环节电路

整流环节电路原理图如图 5-4 所示。将 6 组 17V 电源经由 12 个二极管组成的整流电路产生具有 6 个波头的直流脉动电压。VD1～VD12 为 12 个二极管，型号为 IN4007，作用为整流。

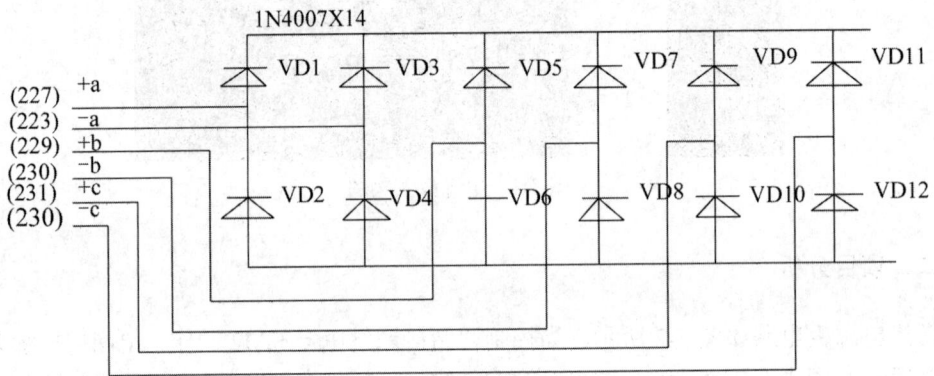

图 5-4　整流环节电路原理图

2. 滤波稳压环节

将输出电压 U1 分为正负两组后进行滤波。正电压经 C1、C3，负电压经 C2、C4 滤波。

（1）稳压电路。

稳压电路图如图 5-5 所示。

（2）滤波分析。

滤波原理是利用电容两端电压不能突变的原理。C1、C2 为 1000μF 的电解电容，作用是工频滤波，提高输出电压，减小电压脉动。C3、C4 为小容量电容，起高频滤波作用，减小高频信号对电路的影响。

（3）稳压环节。

采用输出电压固定的三端集成稳压器 LM7815 和 LM7915。正常工作时输出电压为+15V和-15V。C3、C4、C5、C6 的作用是实现频率补偿，防止稳压器产生高频自激振荡和抑制电路引入高频干扰。C7、C8 的作用是减小稳压电路输出端由输入端引入的低频干扰。VD13、VD14 的作用是保护二极管，当输入短路时给 C7、C8 一个放电回路。

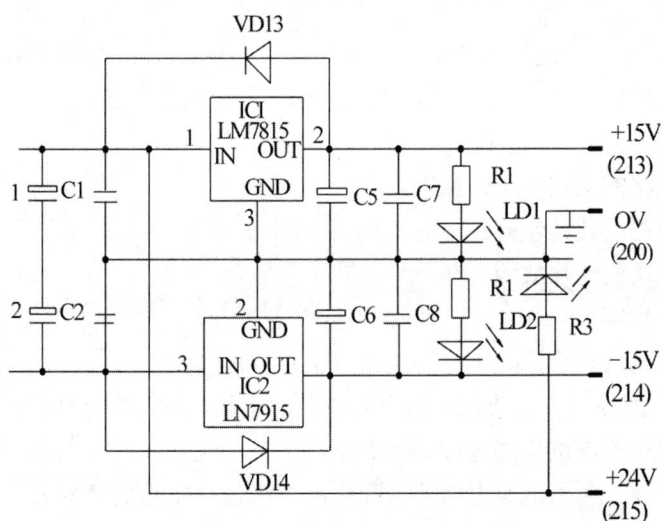

图 5-5 稳压电路图

（4）指示环节。

指示环节由 R1、R2、R3、LD1、LD2、LD3 组成，R1、R2、R3 为限流电阻，电路图如图 5-6 所示。

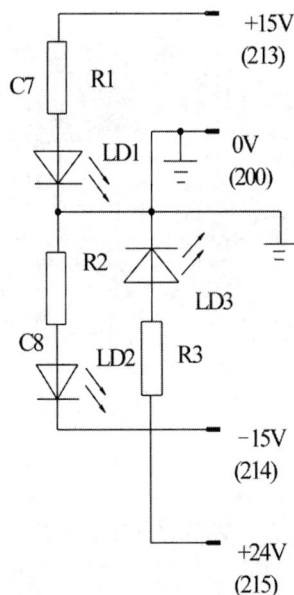

图 5-6 稳压环节电路图

四、项目实施

1. 项目准备

DSC-5 型晶闸管直流调速柜 8 台，分小组进行，每组 4 人；万用表每组一个；十字螺钉旋具、一字螺钉旋具每组各一把；其他电工维修工具每组各一套。

（1）项目实施目的。

1）掌握电源电路的结构和工作原理。

2）掌握电源电路的调试步骤。

3）掌握电源电路的排除故障方法。

（2）项目实施步骤。

1）DSC-5 型晶闸管直流调速柜电源板电气资料的准备。

2）读懂 DSC-5 型晶闸管直流调速柜电源电路的电气原理图和接线图。

3）应用电源电路的调试步骤进行调试训练。

4）设置模拟故障，应用电源电路的故障检修方法进行排除故障练习。

电源电路元件位置图如图 5-7 所示。

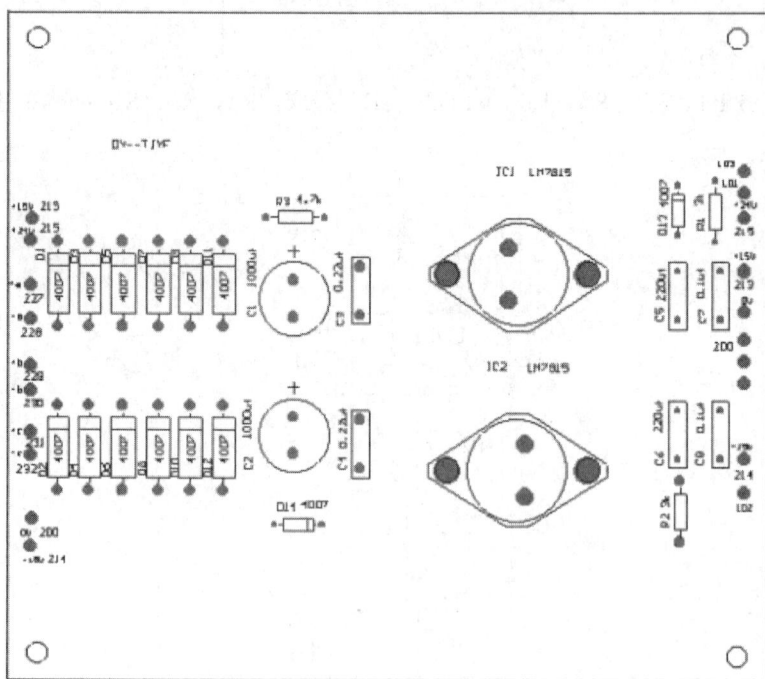

图 5-7　电源电路元件位置图

2. 电源板电路的调试步骤

电源板主要是由 VD1～VD12 共 12 个二极管组成的桥式整流电路，滤波后给 LM7815 和 LM7915 集成稳压器提供电源，其输出为各控制板及脉冲变压器、过流继电器提供电源。

调试时可参照控制盒后视图检查 200 号线对 227、228、229、230、231、232 号线应为交流 17V 电压，可用万用表检测其前面板 S4 测试点对 S1 测试点应为 24V 直流电，对 S2 测试点应为+15V 直流电，对 S3 测试点应为-15V 直流电，同时前面板的三个发光二极管应正常发亮。注意，在电源板正常的情况下才允许插入其他控制板。

小提醒

如图 5-8 所示为电源板控制盒前后视图。

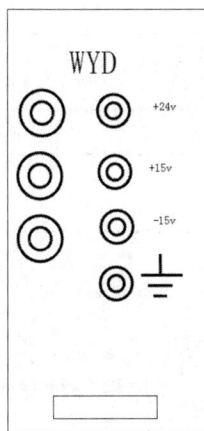

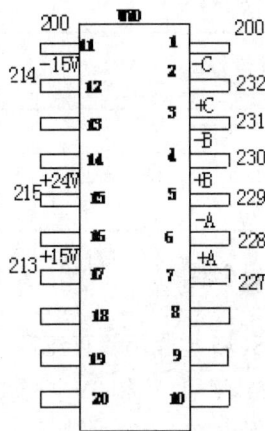

（a）电源板控制盒前视图   （b）电源板控制盒后视图

图 5-8 电源板控制盒前后视图

3. 电源电路故障检查流程图

电源电路故障检查流程图如图 5-9 所示。

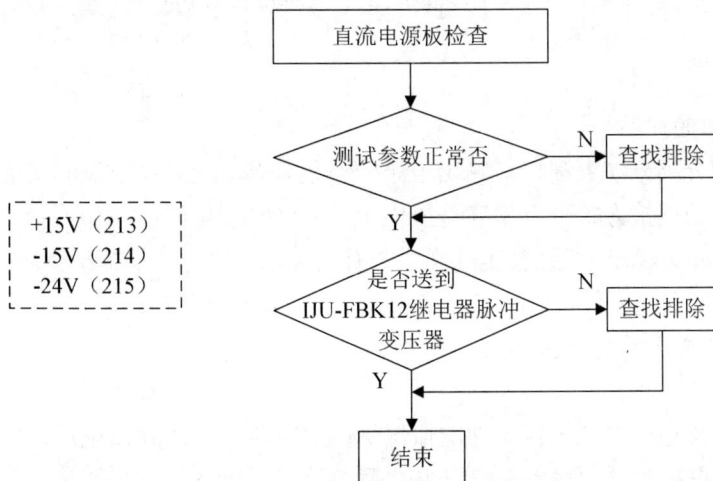

图 5-9 电源电路故障检测流程图

4. 电源板故障分析

电源板的常见故障原因和故障点如表 5-1 所示，应用时可以参考。

表 5-1　电源板的常见故障原因和故障点

序号	故障点	出现现象	排除故障
1	断开 VD1～VD12 任意一个二极管	输出电压低,指示灯亮度低	检查 7815 和 7915 的输入电压是否偏低,测量各二极管是否完好
2	没有+15V 输出,其他正常	断开 7815 的输入或输出	检查 7815 的输入电压正常,输出为 0V,电阻法检查接线
3	将 VD13 反接	+15V 电压偏高,指示灯亮,带载能力差	
4	将 LD 反接	+15V 电压偏高,指示灯不亮	
5	断开 7915	没有-15V 输出,灯不亮	
6	断开+a、-a、+b、-b、+c、-c 中的一组	输出电压低,灯亮度低	

五、项目小结

(1)DSC-5 型晶闸管直流调速系统电源板的输入为 6 组 17V 交流电源,经过整流后得到+15V、+24V、-15V 和 0V 四个电位,为给定板、调节板、隔离板、触发板提供工作的直流电源,确保电路工作。

(2)直流电源板中,当控制回路接通继电器 KM2 动作,电网电压加入同步变压器后,由同步变压器提供的三相±17V 交流电进入电源电路。利用 12 个整流二极管对其进行整流可以获得一个非稳压的 24V 直流电信号,同时利用三端集成稳压器 LM7815 和 LM7915 进行稳压可以获得+15V 直流稳压信号和-15V 直流稳压信号,三个信号都有指示灯指示,并且在 WYD 面板上的三个插孔可以分别测量到三个电压是否正常。

六、知识拓展

1. 稳压电源的分类

稳压电源的分类方法繁多,按输出电源的类型分有直流稳压电源和交流稳压电源;按稳压电路与负载的连接方式分有串联稳压电源和并联稳压电源;按调整管的工作状态分有线性稳压电源和开关稳压电源;按电路类型分有简单稳压电源和反馈型稳压电源等。图 5-10 所示是稳压电源的分类框图。

2. 直流稳压电源的特性指标

(1)输出电压范围。

是指符合直流稳压电源工作条件的情况下能够正常工作的输出电压范围。该指标的上限是由最大输入电压和最小输入/输出电压差所决定的,而其下限由直流稳压电源内部的基准电压值决定的。

(2)最大输入/输出电压差。

该指标表征在保证直流稳压电源正常工作的条件下所允许的最大输入/输出之间的电压差值,其值主要取决于直流稳压电源内部调整晶体管的耐压指标。

```
                                                              ┌── 简单型
                                                    ┌── 串联型 ├── 简单反馈型
                                          ┌── 线性电源       └── 放大反馈型
                                          │         └── 并联型 ┌── 硅稳压管型
                                          │                   └── 晶体管型
                              ┌── 直流电源 │         ┌── 单端反激式
                              │          │         ├── 单端正激式
                              │          └── 开关电源├── 半桥式
                              │                    ├── 推挽式
                              │                    └── 全桥式
          稳压电源 ──────────────┤
                              │         ┌── 谐振型
                              │         │         ┌── 机械调整型
                              └── 交流电源├── 自耦型 ├── 抽头调整型
                                        │         └── 功率补偿型
                                        └── 开关型
```

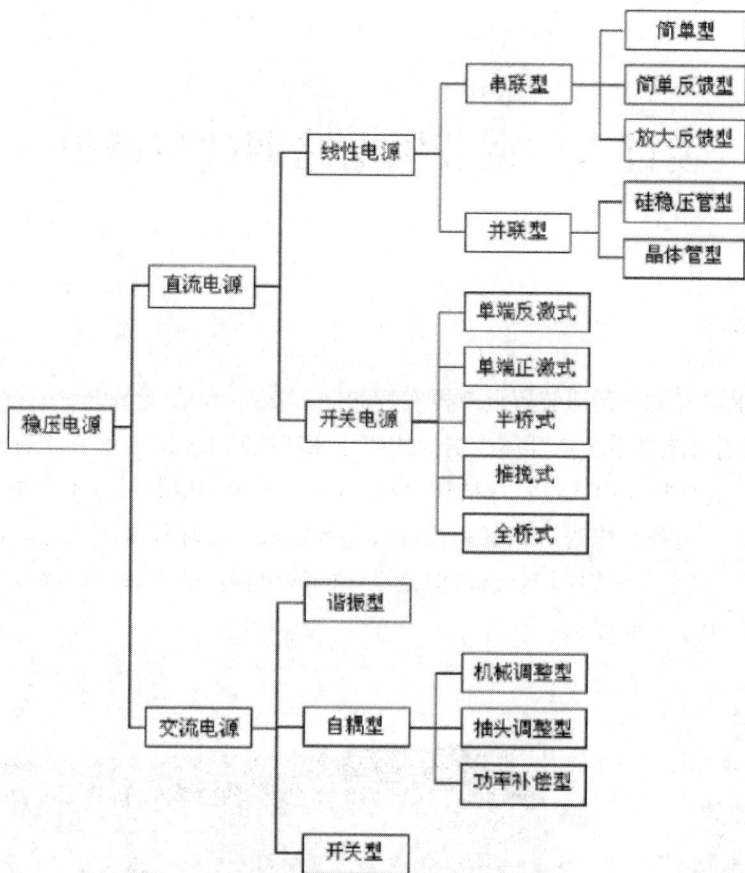

图 5-10　稳压电源的分类框图

（3）最小输入/输出电压差。

该指标表征在保证直流稳压电源正常工作的条件下所需要的最小输入/输出之间的电压差值。

（4）输出负载电流范围。

输出负载电流范围又称输出电流范围，在这一电流范围内直流稳压应能保证符合指标规范所给出的指标。

七、思考与练习

1．为什么断电后 LD1、LD2、LD3 的延时时间不同？

2．为什么+24V 的指示灯没有±15V 的亮？

3．当断开 D1～D12 中任意一个二极管时输出电压如何变化？

4．断开一个支路上的两个二极管输出电压如何变化？

5．断开不同支路的两个二极管输出电压如何变化？

项目六 调节板电路调试与维护

一、项目导入

DSC-5 型晶闸管直流调速装置调节板实物如图 6-1 所示。在调节电路中有一个跳线（即短路环），可以用来选择系统是开环控制形式还是闭环控制形式。当系统选择开环控制形式时，调节电路只起保护作用（过流保护和缺相保护），其他的电路部分不参与系统控制，此时系统比较简单，一般用来进行调试和检修。当系统选择闭环控制形式时，调节电路中的所有电路均参与控制，系统比较复杂，但是系统的输出特性非常硬，容易获得理想的输出效果，系统可以用于工业控制。

图 6-1 调节板实物图

二、项目分析

DSC-5 型晶闸管直流调速装置调节板的电路可以划分为：给定积分调节器、零速封锁电路、积分先行放大调节器、正负限幅电路、电压反馈电路、电流截止负反馈电路、缺相保护电路、滞回电压比较器、过电流保护电路、限流整定和设定电路。调节板电路原理图如图 6-2 所示。

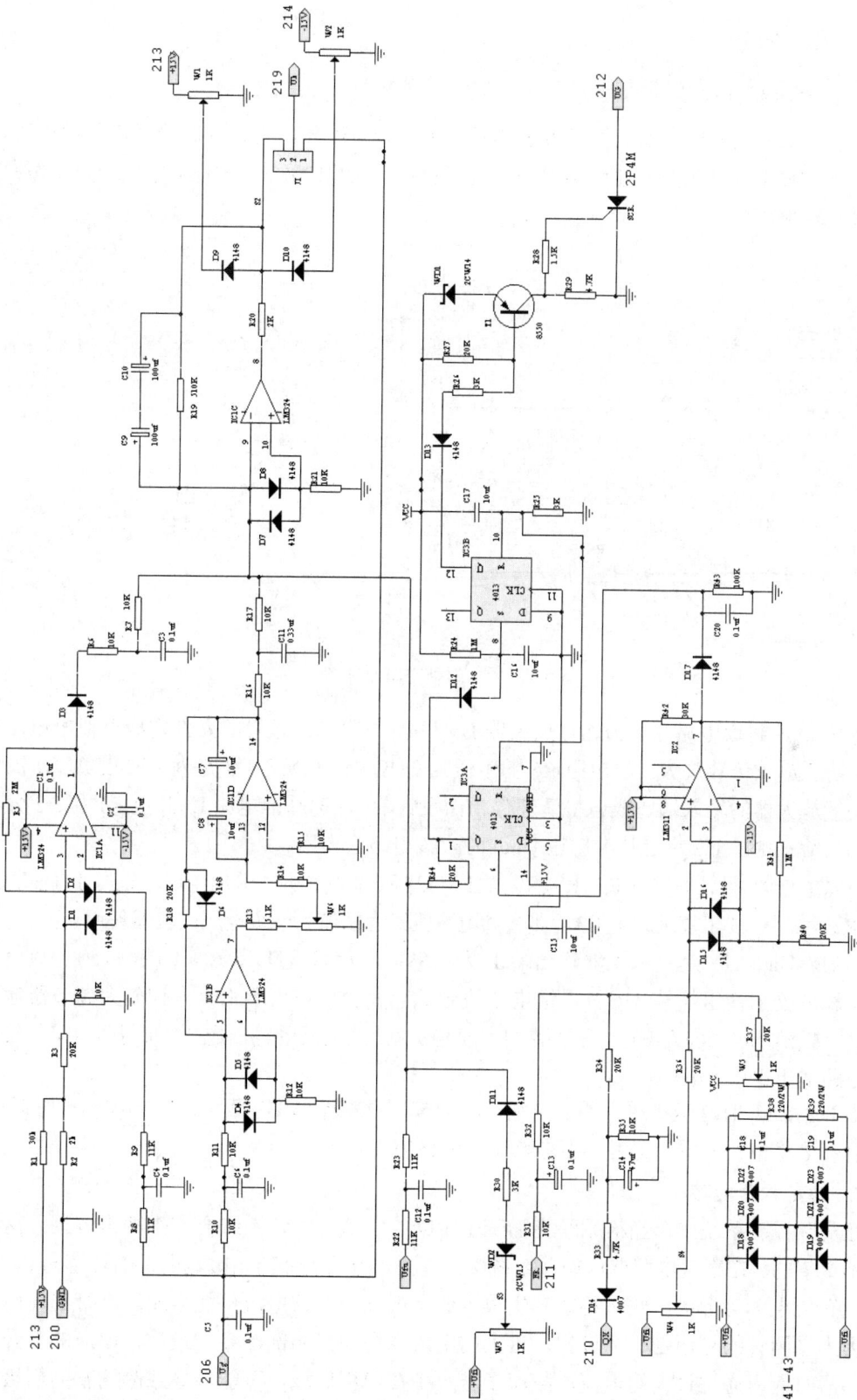

图 6-2 调节板原理图

三、相关知识

1. 低压封锁电路

为了防止系统电机在给定信号很小的时候出现爬行现象，在设计时应考虑保护电路，低压/低速封锁电路（也叫零速封锁电路）就能防止此现象的发生。低压/低速封锁电路原理图如图 6-3 所示。

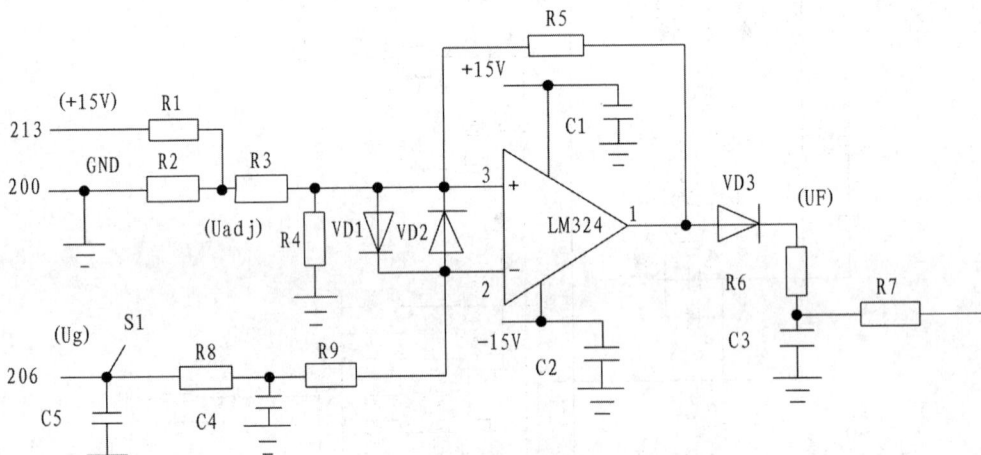

图 6-3　低压封锁电路原理图

低压/低速封锁电路主要由运算放大器 LM324、电阻和二极管等元件构成近似电压比较器。为防止放大倍数过大，取电阻 R5 的阻值为 2MΩ，二极管 VD3 是为了防止负电压加到积分先行放大器的输入端造成电机转速失控而设计的。低速基准电压 Uadj 由 R1 和 R2 分压获得，当给定电压 Ug 小于基准电压 Uadj 时，该电路起作用。

按照电路图，设计时选择 R3=R8+R9，故 LM324 芯片 1#管脚的输出电压应该等于(Uadj-Ug)×R5/R3，如果 R5 阻值远大于 R3，那么该电路就能近似作为一个电压比较器使用。

当 Ug<Uadj 时，运算放大器输出端 1#为+15V，二极管 VD3 导通，UF≈+15V。该电压与给定积分器的输出信号 Ug′及反馈电压信号综合叠加后作用于积分先行放大调节器输入端，将会抵消 Ug′（因为 Ug′正常工作时是负值），使放大器的输出电压 Uk 小于 0V，故可控硅电路输出电压 Ud=0V。

当 Ug>Uadj 时，运算放大器输出端 1#为-15V，二极管 VD3 截止，UF=0V。此时低压/低速封锁电路相当于不起作用，不影响调节电路的正常工作。

2. 给定积分电路

在实际控制系统中，当给系统突加一个阶跃给定信号时，系统会产生冲击效果，这是我们不希望的。在直流电机调压调速系统中，首先，起动突加给定时，电机的转速为 0，电枢内没有反电动势形成，此时将会产生很大的负载电流，该电流可能会使晶闸管损坏；其次，因为晶闸管的导通是一个过程，过大的电流也会使其局部击穿；最后，电流的上升率太快，短时间内通过过大的电流，载流子会集中在门极局域，可能会导致晶闸管的门极击穿。基于这三种可能后果的产生，必须设计能把阶跃信号变换为缓变信号的电路，而积分调节器能满足这一要求。因为该积分器工作在给定电路中，故称为给定积分器。向给定积分器提供给定电压的给定电路如图6-4所示，给定积分器电路图如图6-5所示。

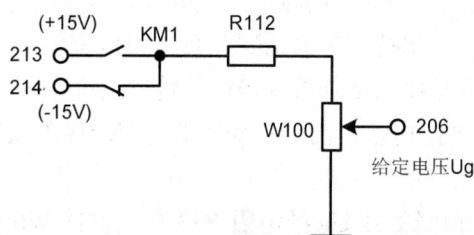

图6-4　给定电路

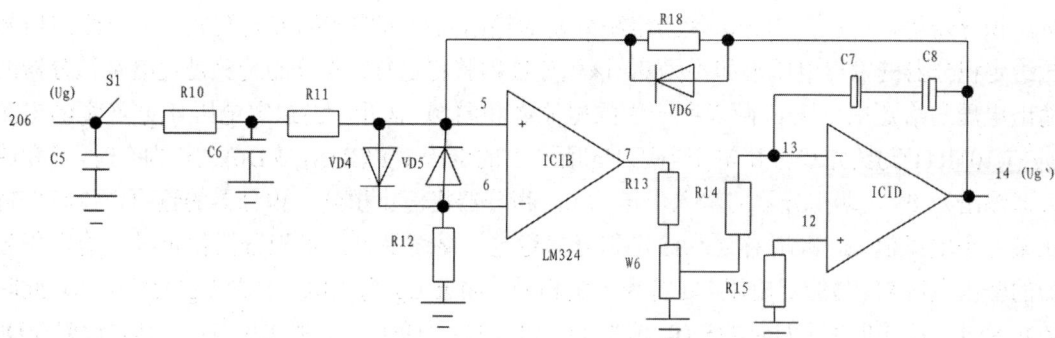

图6-5　给定积分电路原理图

此给定积分器由两部分组成：一是前级的电压求和器，二是后级的积分器。

电压求和器中各元件的作用如下：

（1）电容C5起滤波的作用。当Ug中含有交流成份时，由于C5的作用可以消除交流成份的影响。

（2）R10、C6与R11组成无源迟后网络，起抗干扰作用（这样的T型阻容网络也叫给定滤波器，实际分析的时候不考虑电容影响，直接将两个电阻串联起来分析）。迟后网络对低频有用信号不产生衰变，而对高频噪声信号有削弱作用，电容容量越大，通过网络的噪声电平越低。

（3）ICIB与其他元件组成电压求和器。

（4）VD4、VD5并接在运算放大器的同相与反相输入端，起正负限幅即钳位作用，用以保护运算放大器。

（5）工作过程分析：给定电压Ug由+15V经电位器分压取得，在0V～+10V之间可调，经R10、R11、C6滤波矫正后和由R18反馈回来的积分器输出电压进行运算。由于其作用于运算放大器的+输入端（LM324—5#管脚），在其7#端输出为两路信号的求和，该求和放大器为开环放大，所以其放大倍数比较大，只要输入信号不为0，其输出值将达到+15V或-15V，其输出为后面的积分器提供输入信号。

积分器中各元件的作用如下：

（1）W6、R14、IC2 与 C7、C8 组成积分器，将阶跃信号变成连续缓慢变化的信号。其中 W6 用来改变积分常数。

（2）R18 作为反馈电阻将积分器的输出反馈到输入端与给定电压 Ug 求和，保证给定积分器的输入信号与给定信号保持一定的比例关系。VD6 的作用为限定给定积分输出电压极性，按图连接时给定积分器将只能获得负极性的输出电压。

（3）C7、C8 为积分器的电容，两个有极性的电容同极串联使用是为了获取大容量无极性的电容。

（4）工作过程分析：前级信号 Ua 经电阻 R13 和电位器 W6 分压后作为积分器的输入信号。如果给定信号 Ug 和给定积分器的输出电压求和为正，积分器将进行负向积分，使给定积分器的输出向电压减小的方向发展；如果给定信号 Ug 和给定积分器的输出电压求和为负，积分器将进行正向积分，使给定积分器的输出向电压增加的方向发展。只要给定信号与给定积分器的输出电压求和不为 0，该积分过程就将进行。积分的趋势是使给定积分器的输出电压与给定电压 Ug 两者所产生的电流之和向 0 靠近，当给定电压 Ug 产生的电流 Ug/(R10+R11) 与给定积分器输出电压 Ug'所产生的电流 Ug'/(R18∥RD6) 之和为 0 时，求和放大器输出为 0V，即积分器的输入电压为 0，积分器将停止积分，积分器的输出电压将保持在某一个电压值上，此时称之为给定积分器稳定。显而易见，当积分器稳定时，给定积分器的输出电压 Ug'与给定电压 Ug 符号一定相异。如果 Ug 为正电压，则 Ug'为负电压，此时 VD6 截止，稳定时 Ug'/Ug=R18/(R10+R11)；如果 Ug 为负电压，则 Ug'为正电压，此时 VD6 导通，其等效导通电阻 RD6 非常小（约为几百欧姆），Ug'/Ug=R D6/(R10+R11)，其输出也非常小，约为 0V。Ug'与其他信号综合，作用于后面的放大器。

积分调节器的积分时间常数是由电阻阻值和电容容量的乘积决定的，如果需要改变积分时间，可以通过改变电阻的阻值或电容的容量来实现，但是在电路设计时要充分考虑其工艺性。可以使用可变电容器来达到改变电容容量的目的，但是可变电容器的制造比较困难，其体积也比较大，使用起来很不方便。另外也可以改变电阻的阻值，虽然容易做到，但是阻值大范围的改变将会影响运放的输入电阻。为了消除这些不利因素，同时达到调节积分时间的目的，使用了改变输入信号的方法，即使用电位器 W6 来调节电压。

3. 电压负反馈电路

在自动控制中，如果欲使某一个输出量保持不变，最直接的办法是在系统的输出端对输出信号进行变换采样（即利用观测器进行观测），然后将其采样信号送入系统的输入端与输入信号进行比较，得出其偏差（即误差比较），利用该偏差对系统进行控制修正，使系统能够减小甚至消除该偏差（即偏差控制）。因为是输入信号与采样信号比较求偏差，所以两者肯定是相减的关系，即采样信号是削弱给定信号的作用。这种将被控量进行变换采样，使之成为与输入量相同性质的物理量并送回输入端，用以与输入信号相叠加进行控制的作用即为反馈，采样信号削弱给定信号的反馈称为负反馈。

判别晶闸管调速系统反馈环节信号的极性可用如下方法：先用电压表测量反馈信号的极性，再将反馈信号的一端与调节器输出端连接，另一端暂时空着，用手把反馈回路悬空的一端与调节器输入端碰触一下立即离开，观察在碰触的瞬间调节器的输出量是增大还是减小，如果减小则表明反馈信号为负反馈；如果增大则表明反馈信号是正反馈。注意，必须经过检查判明极性后才可将反馈信号线接好。

各种软反馈（如微分反馈等）环节，同样可用上述方法判别极性，但软反馈只有在输出或被调量发生变化时才有信号，输出稳定后反馈信号消失。如果是负反馈环节，则在将反馈信号接通的瞬间输出应当瞬时减小，然后又马上回复到原来的稳定值。同样，当反馈信号断开的瞬间输出应当瞬时增大；反之，如果在反馈信号接通与断开的瞬时，输出量的变化与上述过程相反，则表明是正软反馈。

DSC-5 型直流调压柜采取的是电压负反馈，反馈电压信号由装置的直流电压输出端经取样电路在电阻 R108 上由 44#和 45#线取出送到隔离板上，经隔离电路和调制解调电路处理后，由电位器 W1 的中心点输出给调节板的 207#（UFu）。反馈信号 UFu（大于 0 的正值）经校正环节后加至 LM324-9#脚。给定信号 Ug 经过给定积分环节输出 Ug′，Ug′与 UFu 综合后作用于积分先行放大调节器，其电路图如图 6-6 所示。Ug′<0，UFu>0，Ug′与 UFu 极性相反，因此为负反馈。其作用是稳定转速、提高机械特性、加快过渡过程。

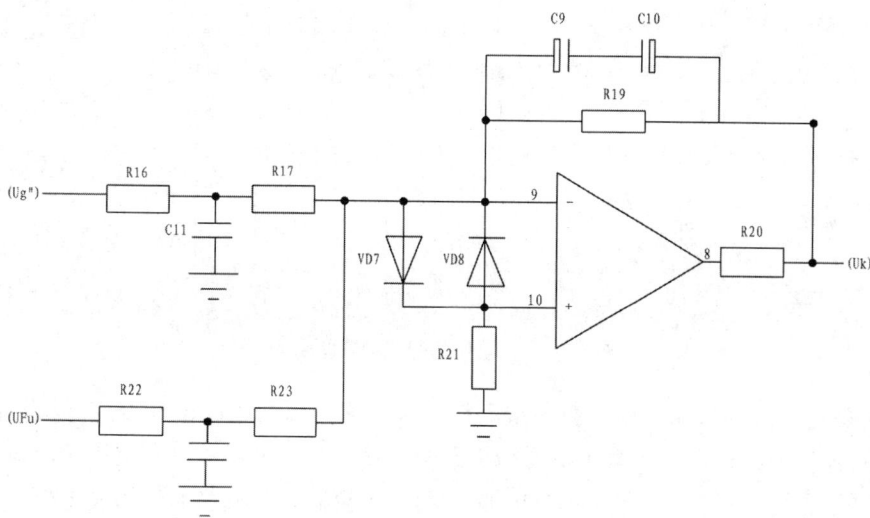

图 6-6　电压负反馈电路原理图

4. 电流截止负反馈

在主电路的交流侧通过交流互感器将信号（41#、42#、43#）取出，经三相桥式整流电路整流，将整流桥输出直流电压利用电阻进行分压，中心点接到零点位，将会获得+Ufi 和-Ufi 两个信号，其电路图如图 6-7 所示。

电流截止负反馈电路原理图如图 6-8 所示。W3 电位器从+Ufi 获得与主电路电流成正比关系的电流反馈信号，合理设置截流整定电位器 W3 的中心抽头，调节反馈强度，使主电路正常工作时其中心抽头电压小于 WD2 的稳定值与 VD11 的管压降之和，稳定管不会被击穿，此时电流反馈信号对电路没有任何影响；当主电路电流增加（一般设定为 1.25e），其中心抽头电压大于 WD2 的稳压值与 VD11 的管压降之和时，稳压管被击穿导通，其中心抽头电压与 WD2 稳压值相减后通过 R30 与给定积分器的输出信号 Ug′在积分现行电路的输入端叠加，使 U_k 值减小，从而使输出电压降低。R30 的阻值大小决定了对输出电压降低的影响程度。

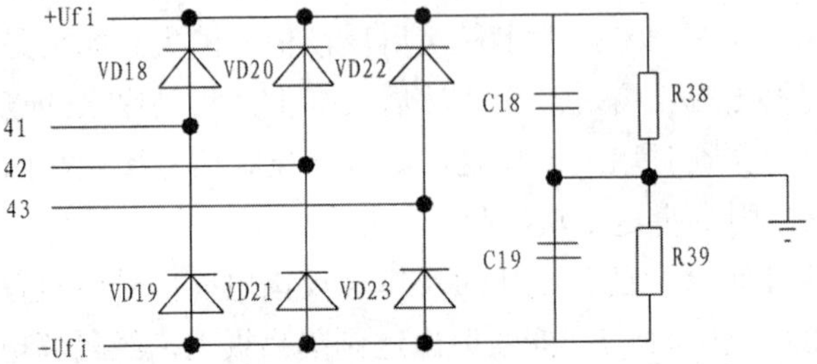

图 6-7　信号取样电路

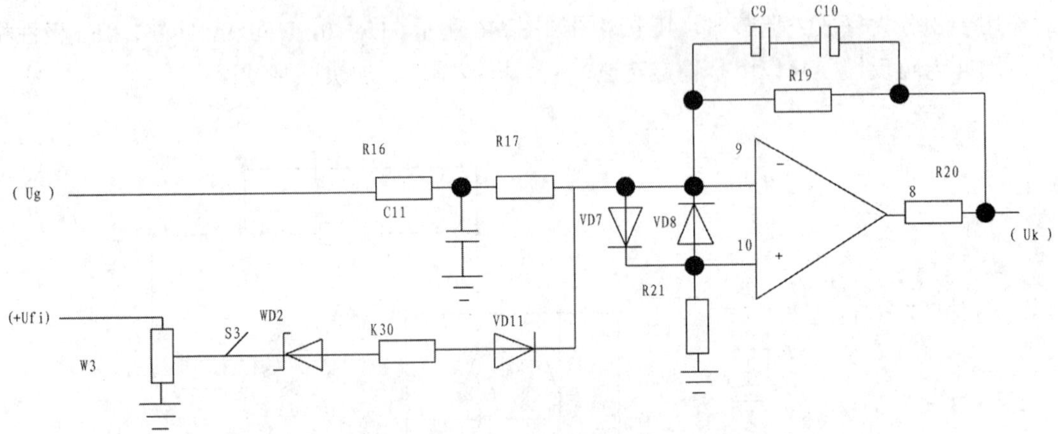

图 6-8　电流截止负反馈电路原理图

电流截止负反馈只能作用于直流电动机负载，它可以使电动机获得挖土机特性，即当负载电流 I<1.25Ie 时，由于截止负反馈不影响电路，此时电路中只有电压负反馈起作用，系统获得较硬的机械特性；当 I>1.25Ie 时，由于电流截止负反馈的作用使电枢两端电压下降，有效地进行过载保护，且当负载减小后还可以自动回复正常进行。

5．滤波型放大调节器

滤波型放大调节器如图 6-9 所示。由运放电路 LM324、二极管 VD7 和 VD8、电阻 R19和 R20、电容 C9 和 C10 等元件组成。C9、C10 反向串联时其电容值减小一半，而电压增大一倍，并且组成一无极性的电容起减小静差率、提高稳定性的作用。R19 为反馈比例系数的产生电阻。给定积分器的输出信号 Ug′、低压低速封锁信号 UF、电压反馈信号 UFu、电流截止负反馈信号和过电流封锁信号综合以后加到运放的 9# 脚作为输入。当给电的一瞬间，电容器两端的电压不能突变，电容器相当于短路，使运放输出端 8#脚的电位不能突变，只能随着电容器的充电逐渐上升，此时电阻发挥作用，放大器的输出最终值取决于 R19 与放大器的输入电阻之比。

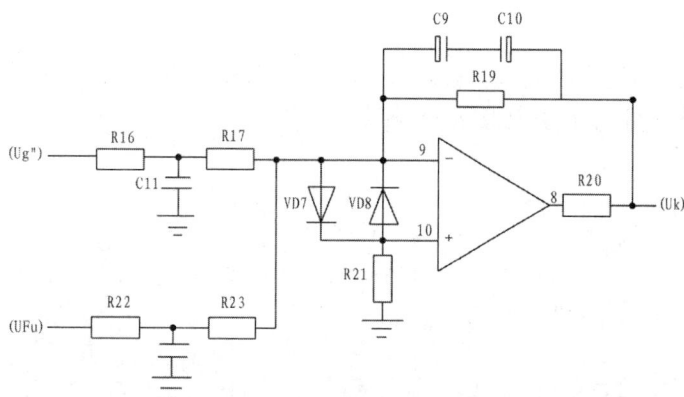

图 6-9　滤波型放大调节器

该电路近似于积分调节器的惯性环节，将信号成比例地放大的同时，还具有减小静差率、提高稳定性的作用。放大倍数可靠放大，由于 C9、C10 的作用使输出信号不能突变，只能缓慢变化。

6. 正负限幅电路

限幅电路原理图及其输出特性如图 6-10 所示，工作原理分析如下：

（1）W1 为正限幅电位器，调节 W1 中心抽头的位置可使 U1 为某一固定正电压值。当运算放大器 8#管脚电压值 Ub 小于 U1+0.7V 时，二极管 VD9 不导通，Uk=Ub；当 Ub>U1+0.7V 时，二极管 VD9 导通，因为 U1 固定，所以 Uk 在 U1+0.7V 以下变化。

（2）W2 为负限幅电位器。调节 W2 中心抽头的位置可使 U2 为某一固定负电压值。当 Ub 值大于 U2 时，二极管 VD10 不导通，Uk=Ub；当 Ub<U2-0.7V 时，二极管 VD10 导通，因为 U2 固定，所以使 U_k=U2-0.7V 也相对固定，故电压 Uk 只能在 U2-0.7V 以上变化。

限幅电路控制 U_k 值在 U2-0.7V～U1+0.7V 之间变化，调节合理的 U1 及 U2 可以有效地限制 U_k 的变化范围，从而控制最小触发角 α_{min} 及最大触发角 α_{max} 的大小（在某些系统中用来限定最小逆变角 β_{min} 和最小触发角 α_{min}）。

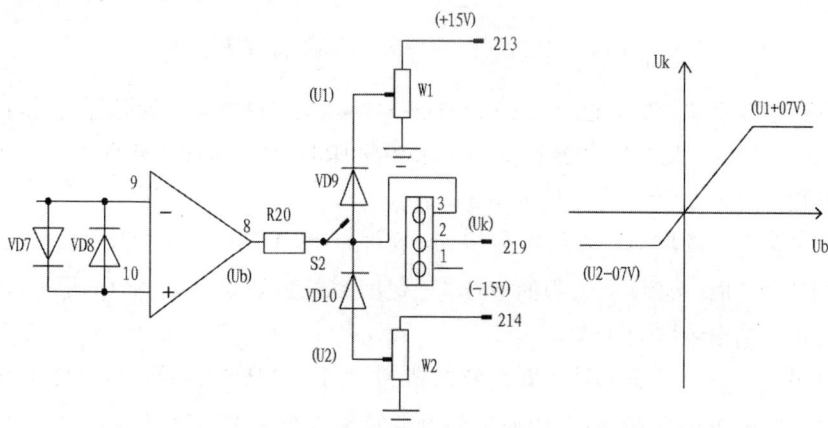

图 6-10　限幅电路原理图及其输出特性

7. 保护电路

保护电路的核心是滞环电压比较器，它将两个或多个输入电压进行比较，控制电压比较器的反转。滞环比较器电路如图 6-11 所示。

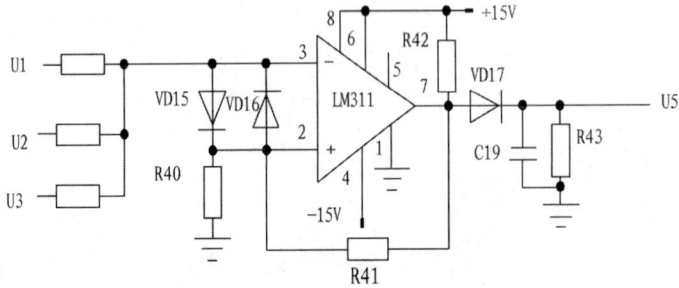

图 6-11　滞环比较器电路

8. 滞环比较器工作原理

为了分析滞环比较器工作原理，需要将其中的一个输入信号首先确定下来，比如 U1（在电路中利用 W5 调整，因为是先设定的电压，所以 W5 称为过电流设定电位器），显而易见，U1>0，为正电压。其余输入端的作用都是相同的，所以我们暂时分析其中的一个，如 U2（在电路中利用 W4 调整，与电流反馈信号-Ufi 有关，正比于主电路电流，在实际应用中需要负载情况下调整才能确定，故 W4 称为过电流整定电器）。U3 暂时不做分析，可以假定 U3=0V。实际电路中 W5、W4 的连接电路如图 6-12 所示。

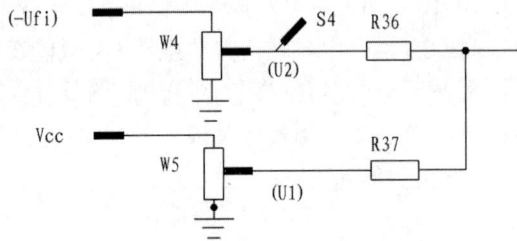

图 6-12　过电流设定电位器与限流值整定电位器

当主电路中没有电流时，U2=0V，U1+U2+U3>0，LM311 的 7#管脚输出为-15V，VD17 截止，U5=0V，同时 LM311 的 2#管脚由于 R40 和 R41 的分压作用将获得一个电压，根据电路中的参数，此时 2#管脚电压约为-0.3V。

随着主电路电流的增加，$|U^2|$ 将会增加，通过分析，U2<0，所以 U1+U2+U3 将会减小。当 U1+U2+U3=0V 时，因为 3#管脚的 0V 电压仍旧大于 2#管脚的-0.3V 电压，故电压比较器不会发生反转，输出依旧为-15V。

当主电路电流进一步增加时，$|U^2|$ 继续增加，U1+U2+U3<0，当 U1+U2+U3<-0.3V 时，3#管脚的电压低于 2#管脚的电压，电压比较器的输出就会与 2#管脚的输入端极性保持一致。2#管脚连接的是电压比较器的+输入端，所以电压比较器输出此时将会发生反转，输出+15V，

VD17 导通，U5=14.3V，同时 2# 管脚电压约为+0.3V。此时即使 U2 有些波动，使 U1+U2+U3>-0.3V，但是由于此时2#管脚电压已经变为+0.3V，所以电压比较器输出也不会反转回去。

利用同样的分析方法，可以分析出来在这种情况下只有当 U1+U2+U3>+0.3V 时，电压比较器的输出才会反转回去，变为-15V。这个过程叫滞环电压比较器的滞回特性，U1 叫滞回中心，0.3V 叫半环宽，将这个过程表示出来，如图 6-13 所示。

滞回特性可以抗干扰，防止普通的电压比较器在比较差值过零点附近多次反转振荡。滞回环宽与分压电阻和电路的工作电压有关，滞环越宽，抗干扰性能越强，但是系统反应越迟钝；滞环越窄，系统反应越灵活，但是系统越容易受到干扰而发生振荡。同时为了调整方便，U1 不能取得过大，否则 U2 永远不能触发比较器反转；U1 也不能取得过小，因为 U1 取得过小，U2 整定值也会随之变小，分辨率将会降低，不利于调整。一般情况下 U1 取 2.5V～4V 之间。

实际系统调整时，首先将 U2 调到 0V，U1 固定在某一个电压值（如 4V），然后将输出电压调节到额定电压值。减小负载，观察输出电压指示表的变化，当电流达到额定电流 Ie 的 1.5 倍时，缓慢调整 U2，同时观察输出电压指示表的变化。当调节 U2 到某一个值时，输出电压突然跌落到 0，表示此时滞环电压比较器已经反转，整定完成。

9. 缺相保护信号电路

缺相保护信号电路如图 6-14 所示。将缺相变压器的副边输出信号 Qx 经二极管 VD14 的半波整流后，由 C14、R25 滤波得到反馈信号 U3。当电路没有发生缺相故障时，U3=0V，对滞环电压比较器的输出没有影响。当电路发生缺相故障时，U3 为负电压值，此信号与基准比较电压信号 U1 在 LM311 的负输入端叠加后，促使滞环电压比较器输出高电平。

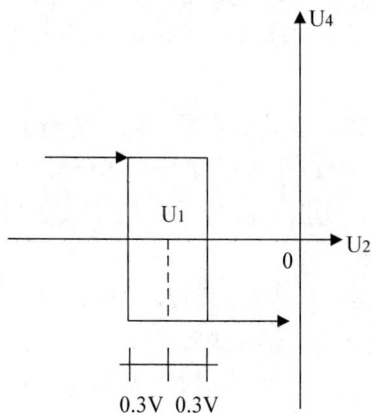

图 6-13　滞环电压比较器的滞回特性

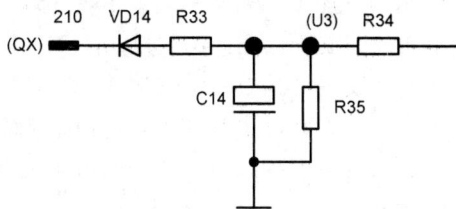

图 6-14　缺相保护信号电路

综上所述，当电路中发生过电流故障或缺相故障时，滞环电压比较器均会输出一个高电平（即逻辑 1）。该高电平进入数字集成芯片 CD4013（双 D 锁存器）进行控制，完成电路保护功能，CD4013 的接线图如图 6-15 所示。

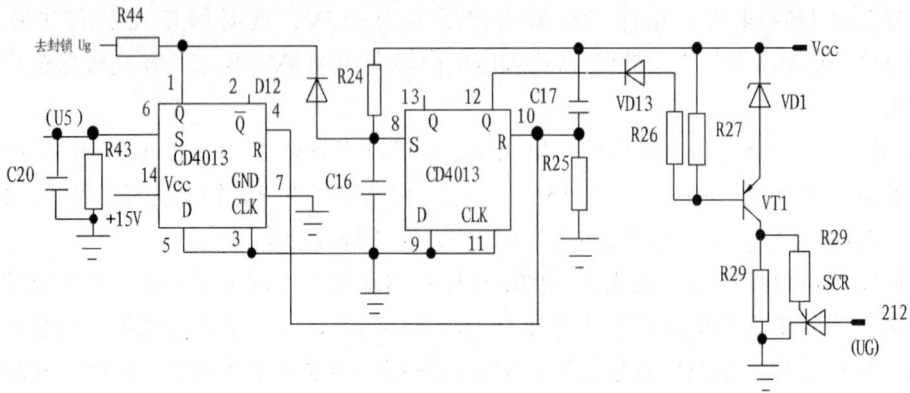

图 6-15　CD4013 的接线图

按图中连接的形式,实际上 D 触发器是作为 RS 触发器使用的,其真值表如表 6-1 所示。

表 6-1　真值表

输入		输出	
R	S	Q	Q'
0	0	不变	不变
0	1	1	0
1	0	0	1
1（应当避免）	1（应当避免）	1	1

上电时,因为电容两端电压不能突变,C16、C17、C19 均相当于短路,所以 R 端获得高电平(逻辑 1),S 端获得低电平(逻辑 0),于是 R1=1,S1=0,Q1=0,Q1'=1,同样地,R2=1,S2=0,Q2=0,Q2'=1。因为 Q2'为高电平,故 VT1 不可能导通,SCR 将不会被触发导通。

电路稳定时,因为电容充满电后相当于开路,所以 R 端获得低电平,如果电路中没有故障状况发生,U5=0V,所以 S1=0,于是 Q1 和 Q1'保持不变,仍旧为 R1=1,S1=0,Q1=0,Q1'=1;由于 Q1=0,所以 VD12 导通,S2 的电位为 0.7V,仍旧为低电平 0,于是 Q2 和 Q2'保持不变,即 R2=1,S2=0,Q2=0,Q2'=1,SCR 不导通。

当电路发生过流故障或缺相故障时,U5=14.3V,即 S1=1,VD1 翻转,Q1=1,即 15V,该高压通过电阻 R44 叠加在 LM324-9#管脚上,闭环情况下会直接抵消掉给定积分器的输出信号(因为给定积分器的有效输出电压为负电压),促使 Uk 消失,所以主电路输出电压立即消失。由于 Q1=1,故 VD12 截止,Vcc 经 R24 向 C16 充电。当 C16 上的电压达到 D 触发器的高电平阈值时,S2=1,Q2'=0,VD13 导通,三极管导通,其集电极电流流过 R29,产生的电压降使 SCR 导通。SCR 导通,控制的过流继电器 K12 吸合,其常闭触点切断主电路接通接触器 KM1,KM1 的常开触点切断给定继电器 KA;同时过流继电器 KI2 的常开触点闭合,故障指示灯点亮。由于 KI2 为直流继电器,其供电电源为+24V,所以一旦 KI2 吸合,就会保持吸合状态,除非切断控制电路接通继电器 KM2,等到 KI2 因为断电而释放。

10. 速度调节器 ASR

速度调节器是把给定电压信号 Ug 与反馈电压信号 Ufn 进行比例积分运算,通过运算放大器使输出按某种预定的规律变化,电路图如 6-16 所示。

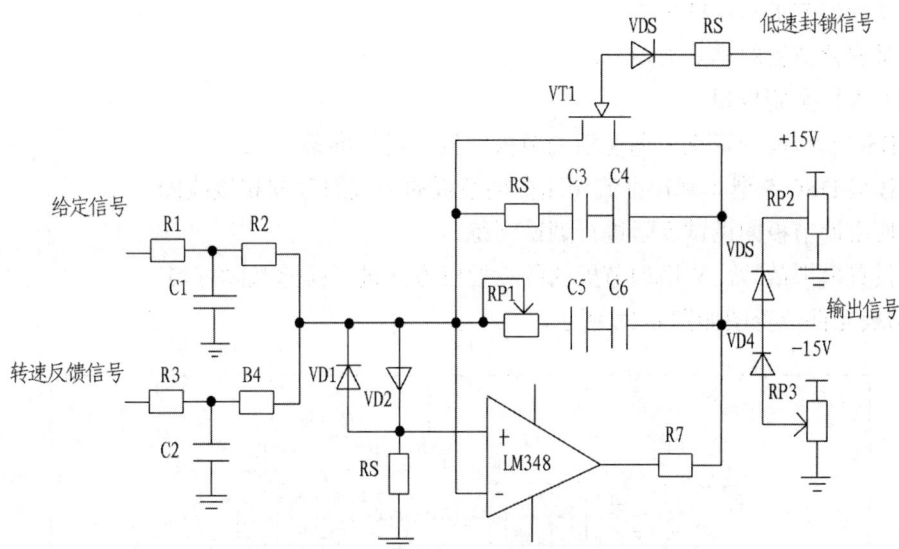

图 6-16 速度调节器电路图

11. 电流调节器 ACR

电流调节器的作用与速度调节器的作用类似,它把速度调节器的输出信号与电流反馈信号进行比例积分运算。在系统中起到维持电流恒定的作用,并保证在过渡过程中维持最大电流不变,以缩短转速的调节过程。电流调节器电路图如图 6-17 所示。

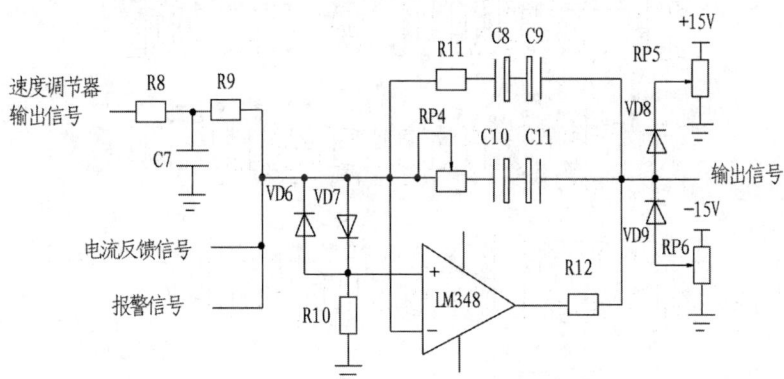

图 6-17 电流调节器电路图

四、项目实施

1. 项目准备

DSC-5 型晶闸管直流调速柜 8 台,分小组进行,每组 4 人;万用表每组一个;十字螺钉旋具、一字螺钉旋具每组各一把；其他电工维修工具每组各一套。

（1）项目实施目的。

1）掌握调节板电路的结构和工作原理。

2）掌握调节板的调试步骤。

3）掌握调节板的排除故障方法。

（2）项目实施步骤。

1）DSC-5 型晶闸管直流调速柜调节板电气资料的准备。

2）读懂 DSC-5 型晶闸管直流调速柜调节板的电气原理图和接线图。

3）应用调节板的调试步骤进行调试训练。

4）设置模拟故障，应用调节板的故障检修方法进行排除故障练习。

调节板元件位置图如图 6-18 所示。

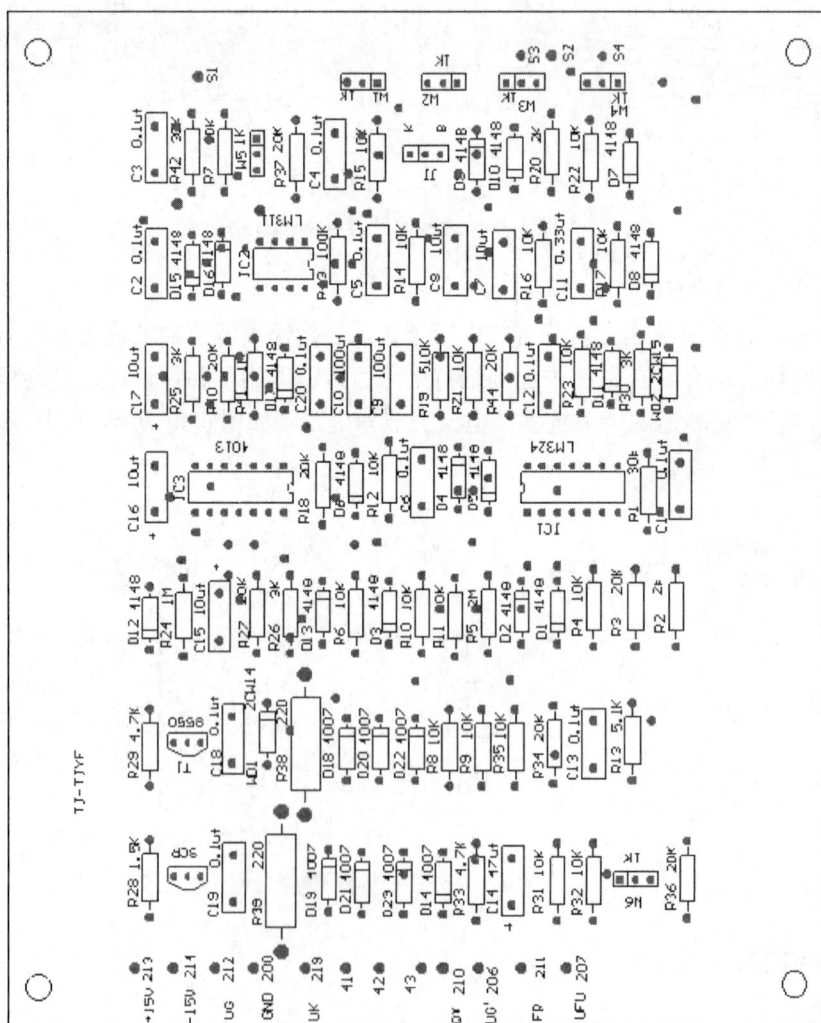

图 6-18　调节板元件位置图

2. 调节板调试步骤

（1）调节板电路调试。

1）检查各输入量是否正常，接线是否正确。

214#对 200#，直流-15V　　　　　　206#对 200#，直流 0～10V

Ufu 对 200#，直流 0～10V　　　　　210#对 200#，直流 0V 或直流 30V

213#对 200#，直流+15V

2）将调节板安装好，把短路环放在开环位置，对电路参数进行测量。

R1 与 R2 的连接端：直流 0.97V

R2 与 R4 的连接端：直流 0.3V

Ug=0～10V

W5 中间插头约 7V

输出量 Uk：开环时 0～10V

3）将短路环放在闭合位置，观察输出是否连续可调。

小提醒

如图 6-19 所示为隔离板控制盒前视图和控制盒上的各调节电位器与测试点。

W1: 正限幅电位器，其整定值为最小整流角　　　S1: 电压给定值测试点

W2: 负限幅电位器，其整定值为最小逆变角　　　S2: PI 调节器输出值测试点

W3: 截流值大小调整电位器　　　　　　　　　　S3: 过流值测试点

W4: 过流值大小调整电位器　　　　　　　　　　S4: 截流值测试点

W5: 过流值设定电位器

W6: 给定积分值调整电位器（在线路板上）

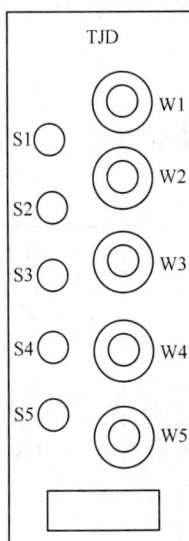

（a）调节板控制盒前视图　　　　　　（b）调节板控制盒后视图

图 6-19　调节板控制盒前后视图

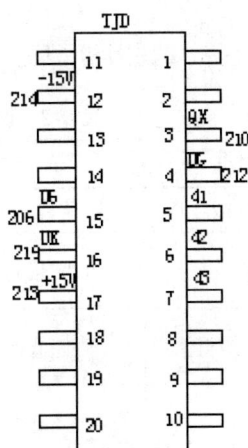

（2）带模拟负载时过流值的整定和截流值的整定。

1）过流值的整定。将调节板内 W5 的输出电压调到 6～7V，闭合各电路，调节给定电位器，使输出电压达到 220V；增加负载（即调节电阻箱的阻值），负载电流增加，当电流表指示电流值达到电枢额定电流值的 2.2 倍（Id=2.2Ie）时，停止增加负载；调整调节板上的 W4，使保护电路工作，即切断主电路，故障指示灯亮，此时调节板上的电位器 W4 电压值为过流值的整定值。切断控制回路，将电阻箱的阻值复原。

2）截流值的调整。将调节板上的电流截止负反馈电位器 W3 顺时针调到最大，闭合各电路，调节给定电位器，使输出电压达到 220V；增加负载（即调节电阻箱的阻值），负载电流增加，当电流表指示电流值达到电枢额定电流值的 1.5 倍（Id=1.5Ie）时，停止增加负载；调整调节板上的电流截止负反馈电位器 W3（逆时针），当电压表数值开始减小时停止调节电流截止负反馈电位器 W3，再增加负载，此时负载电流基本保持不变，而输出电压却在下降。截流值整定调整完毕。

至此，系统带模拟负载调整完毕。

（3）带电动机负载时保护环节调试。

1）过流值的整定。将调节板内 W5 的输出电压调到 6～7V，闭合各电路，调节给定电位器，使输出电压达到 220V；增加负载（即调节电阻箱的阻值），负载电流增加，当电流表指示电流值达到电枢额定电流值的 2.2 倍（Id=2.2Ie）时，停止增加负载；调整调节板上的 W4，使保护电路工作，即切断主电路，故障指示灯亮；此时调节板上的电位器 W4 电压值为过流值的整定值。

2）电动机堵转截流值的调整。将调节板上的电流截止负反馈电位器 W3 顺时针调到最大，闭合各电路，调节给定电位器，使输出电压达到 220V；增加负载使电动机堵转，调整调节板上的电流截止负反馈电位器 W3（逆时针），当电压表数值开始减小时停止调节电流截止负反馈电位器 W3，再增加负载，此时负载电流基本保持不变，而输出电压却在下降。截流值整定调整完毕。

3. 调节板故障分析

调节板的常见故障原因和故障点如表 6-2 所示，应用时可以参考。

表 6-2　调节板的常见故障原因和故障点

序号	故障点	现象	原因
1	断开+15V 或-15V	开环正常，闭环没有 Uk 输出，Ud=0	LM324 没有电压，无法正常工作
2	反接 VD9	Ug=0 时仍有 Uk 值，Ud>0	正限幅的限幅电压接入电路，影响了 Uk 值
3	减小 R19 的阻值	Uk 值偏低，Ud 达不到最大值	K=R19/R17，R19 减小，比例系数不够大导致 Uk 偏低
4	LM324 损坏	没有 Uk 输出	给定积分器、比例放大器均损坏，Uk=0V
5	LM311 损坏	接通电源，电路保护	LM311 始终输出+15V，保护电路上电工作

续表

序号	故障点	现象	原因
6	减小 R36 的阻值	电流较小时，电路保护	比例系数改变，电路状态改变
7	断开 W5 的+15V 电源	闭合电路，则保护电路工作	比较电压过低
8	反接 VD13	接通电源，电路保护	VD13 反接上电产生脉冲，SCR 导通
9	反接 VD12	上电延时电路保护	
10	减小 R23 的阻值	Ud 值偏低	电压反馈强度过大
11	减小 R1 的阻值	电压在较低时不能调节	封锁电压过高

4. 排除故障方法

（1）全面准确地观察故障现象。

（2）测量中要仔细认真，如运算放大器是否正常工作，可在电路中根据输入情况和输出的分析来判断。

（3）各点电位测量与理论数据的比较。

五、项目小结

（1）DSC-5 型晶闸管直流调速装置调节板的电路可以划分为：给定积分调节器、低压/低速封锁电路、积分先行放大调节器、正负限幅电路、电压反馈电路、电流截止负反馈电路、缺相保护电路、滞回电压比较器、过电流保护电路、限流整定和设定电路。

（2）低压封锁电路。

为了防止系统电机在给定信号很小的时候出现爬行现象，在设计时应考虑保护电路，低压/低速封锁电路（也叫零速封锁电路）就能防止此现象的发生。

（3）电压负反馈电路。

DSC-5 型直流调压柜采取的是电压负反馈，反馈电压信号由装置的直流电压输出端经取样电路在电阻 R108 上由 44#和 45#线取出送到隔离板上，经隔离电路和调制解调电路处理后由电位器 W1 的中心点输出给调节板的 207#（UFu）。反馈信号 UFu（大于 0 的正值）经校正环节后加至 LM324-9#脚。给定信号 Ug 经过给定积分环节输出 Ug'，Ug'与 UFu 综合后作用于积分先行放大调节器。Ug'<0，UFu>0，Ug'与 UFu 极性相反，因此为负反馈。其作用是稳定转速、提高机械特性、加快过渡过程。

（4）电流截止负反馈。

电流截止负反馈只能作用于直流电动机负载，它可以使电动机获得挖土机特性，即当负载电流 I<1.25Ie 时，由于截止负反馈不影响电路，此时电路中只有电压负反馈起作用，系统获得较硬的机械特性；当 I>1.25Ie 时，由于电流截止负反馈的作用使电枢两端电压下降，有效地进行过载保护，且当负载减小后还可以自动回复正常进行。

（5）滤波型放大调节器。

该电路近似于积分调节器的惯性环节，可将信号成比例地放大，同时还具有减小静差率、提高稳定性的作用。放大倍数可靠放大，由于 C9、C10 的作用使输出信号不能突变，只能缓慢变化。

（6）正负限幅电路。

限幅电路控制 Uk 值在 U2-0.7V～U1+0.7V 之间变化，调节合理的 U1 及 U2 可以有效地限制 Uk 的变化范围，从而控制最小触发角 α_{min} 及最大触发角 α_{max} 的大小（在某些系统中用来限定最小逆变角 β_{min} 和最小触发角 α_{min}）。

（7）保护电路。

保护电路的核心是滞环电压比较器，它将两个或多个输入电压进行比较，控制电压比较器的反转。

（8）滞环比较器。

滞回特性可以抗干扰，防止普通的电压比较器在比较差值过零点附近多次反转振荡。滞回环宽与分压电阻和电路的工作电压有关，滞环越宽，抗干扰性能越强，但是系统反应越迟钝；滞环越窄，系统反应越灵活，但是系统越容易受到干扰而发生振荡。

（9）缺相保护信号电路。

当电路中发生过电流故障或缺相故障时，滞环电压比较器均会输出一个高电平（即逻辑 1）。该高电平进入数字集成芯片 CD4013（双 D 锁存器）进行控制，完成电路保护功能。

（10）速度调节器 ASR。

速度调节器是把给定电压信号 Ug 与反馈电压信号 Ufn 进行比例积分运算，通过运算放大器使输出按某种预定的规律变化。

（11）电流调节器 ACR。

电流调节器的作用与速度调节器的作用类似，它把速度调节器的输出信号与电流反馈信号进行比例积分运算。在系统中起到维持电流恒定的作用，并保证在过渡过程中维持最大电流不变，以缩短转速的调节过程。

六、知识拓展

1. 集成运算放大器

集成运算放大器是一种高电压增益、高输入阻抗和低输出电阻的多级直接耦合放大电路，由差分放大电路、电压放大器、输出级和偏置电路组成。差分输入级的作用是提高整个电路的共模抑制比和其他方面的性能；电压放大级的作用是提高电压增益；输出级由电压跟随器组成，作用是降低输出电阻、提高带载能力。

2. 集成运算放大器的两个重要概念

（1）虚短：集成运算放大器两个输入端之间的电压通常接近于 0，即 Ui=Un-Up=0，若把它理想化，则有 Ui=0，但不是短路，故称为虚短。

（2）虚断：集成运算放大器两个输入端几乎不可有电流，即 Ii=0，如果把它理想化，则有 Ii=0，但不是断开，故称为虚断。

3. 基本电路

电压比较器有过零比较器、任意电压比较器和迟滞比较器。

（1）过零比较器。电路原理图如图6-20（a）所示，工作原理为：当 Ui>0V 时，Ui->0，由于运算放大器的电压增益很大，所以很小的 Ui 产生的 Uo 很大，但不能大于运算放大器的始能，所以有 Ui>0，Uo=+15V，Ui<0，Uo=-15V，同理在反向过零比较器中有 Ui>0，Uo=-15V。

（2）任意电压比较器。电路原理图如图 6-20（b）所示，工作原理如下。与过零比较器原理图相同，当 Ui>Uc 时，Uo=+15V；当 Ui<Uc 时，Uo=-15V。原理分析：根据虚短和虚断的概念分析。

（3）迟滞比较器。电路原理图如图图6-20（c）所示，工作原理为：

假设Uo=+15V，R0=20kΩ，R1=R2=10kΩ，此时 Up= (Uo-0) R2/ (R0+R2)=15/ (20+10)=5V。根据虚短，Un=Up=5V；根据虚断，Ud=Un=5V，所以当 Ui>5V 时，Uo=+15V；当 Uo=-15V 时，Up (Uo-0) R2/ (R0+R2)=-15/ (20+10)=-5V，所以当 Ui <-5V 时，Uo=15V；当 Ui<5V 时，Uo=-15V；当 Ui>-5V 时，Uo=+15V，具有很强的抗干扰能力，又称锁相环电路。

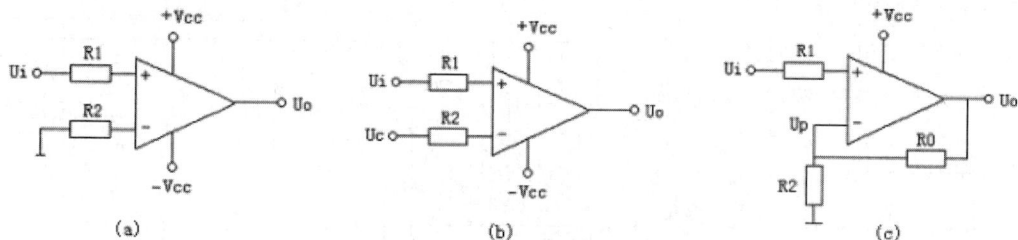

图6-20　各种比较器电路原理图

七、思考与练习

1. 直流调速柜引入了哪些反馈，各有什么作用？

2. 给定积分器的作用是什么？

3. 进行调节板电路的分析。

4. 进行故障排除练习。

5. 上电保护的原因有哪些？

6. 不能达到最大值的原因（指 Ud）是什么？

7. 电流调节器 ACR 的作用是什么？

8. 分析低压/低速封锁电路（也叫零速封锁电路）的功能。

9. 反接 VD9 会出现什么现象，原因是什么？

10. 调节板电路由哪几部分组成？

项目七 触发板电路调试与维护

一、项目导入

触发板 CFD 主要为三相可控整流电路提供双窄脉冲。DSC-5 型晶闸管直流调速系统采用 KC04 集成电路作为主要元件，KC04 集成电路由同步电压、锯齿波形成、脉冲移相、脉冲形成、脉冲分选和放大输出环节组成，如图 7-1 所示为 KC04 电路原理图。

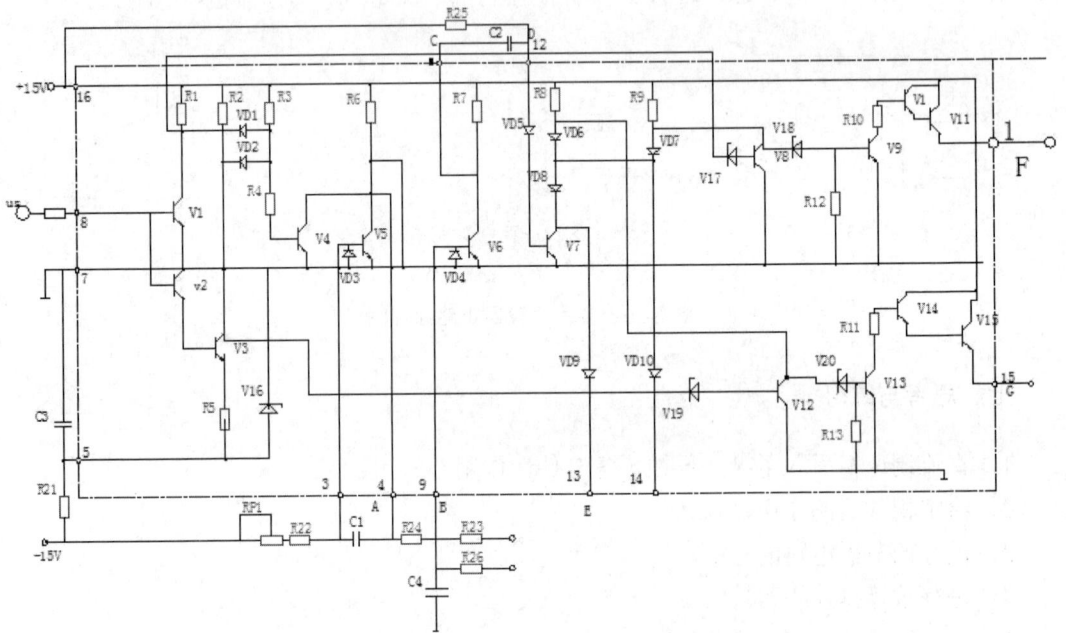

图 7-1 KC04 电路原理图

二、项目分析

图 7-2 所示为 DSC-5 型晶闸管直流调速系统触发电路板 CFD 实物图。Uta、Utb、Utc 分别为 A、B、C 三相的同步电压，Uk 为控制电压，Up 为负偏置电压。同步电压接 KC04 的 8 号脚，控制电压和负偏置电压综合作用于 KC04 的 9 号脚，在 KC04 的 1 和 15 号脚输出正负脉冲加于二极管 VD1～VD12 组成的 6 个或门，可输出六路双窄脉冲，三极管 V1～V6 起功率放大作用。在其集电极输出脉冲给脉冲变压器。当同步电压 Us=30V 时其有效相范围为 150°。所以在本电路中，Uta、Utb、Utc 均为 30V，移相范围为 150°。同步电压使触发电路与主电路有一定的相位关系。设置 Up 的作用是当触发电路的控制电压 Uc=0 时，使

晶闸管整流装置输出电压 $U_d=0$，对应控制角 α_0 定义为初始相位角。整流电路的形式不同，负载的性质不同，初始相位角 α_0 不同。

图 7-2　触发板实物图

触发板工作原理综述：由 KC04 与电阻和电容组成振荡电路。将由同步变压器提供的同步电压 U_{ta}、U_{tb}、U_{tc} 分别接入三片 KC04 的 8 号脚，通过 W1、W2、W3 可调节锯齿波斜率，最终由 1 号脚得到触发信号，再经 T1、T3、T5 的功率放大加到可控制硅的门极及阴极作为触发脉冲使用。VD1～VD12 组成 6 个或门，其中 VD12 与 VD9、VD7 与 VD10、VD3 与 VD6、VD1 与 VD4、VD11 与 VD2、VD5 与 VD8 各组成一个或门，可输出六路双窄脉冲；三极管 V1～V6 起功率放大作用。如图 7-3 所示为矢量图，矢量图分析如下：

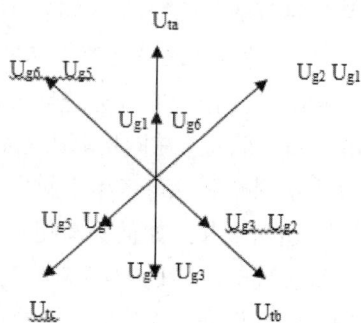

图 7-3　矢量图

U_{g1} 为 VD1 与 VD4 或门输出，差 60°

U_{g2} 为 VD3 与 VD6 或门输出，差 60°

U_{g3} 为 VD5 与 VU8 或门输出，差 60°

U_{g4} 为 VD7 与 VD10 或门输出，差 60°

U_{g5} 为 VD9 与 VD12 或门输出，差 60°

U_{g6} 为 VD11 与 VD2 或门输出，差 60°

三、相关知识

1. 同步电源环节

同步电源环节主要由 V1～V4 等元件组成。同步电压 U_s 经限流电阻 R20 加到 V1、V2 基极。当 U_s 在正半周时，V1 导通，V2、V3 截止，m 点为低电平，n 点为高电平；当 U_s 在负半周时，V2、V3 导通，V1 截止，m 点为高电平，n 点为低电平。VD1、VD2 组成与门电路，只要 m、n 两点有一处是低电平，就将 U_{b4} 钳位在低电平，V4 截止，只有在同步电压 $|U_s|<0.7V$ 时，V1～V3 都截止，m、n 两点都是高电平，V4 才饱和导通。所以，每

周内 V3 从截止到导通变化两次，锯齿波形成环节在同步电压 Us 的正负半周内有相同的锯齿波产生，且两者有固定的相位关系。

2. 锯齿波形成环节

锯齿波形成环节主要由 V5、C1 等元件组成，电容 C1 接在 V5 的基极和集电极之间，组成一个电容负反馈的锯齿波发生器。V4 截止时，+15V 电源经 R6、R22、RP、-15V 电源给 C1 充电，V5 的集电极电位 Uc5 逐渐升高，锯齿波的上升段开始形成，当 V4 导通时，C1 经 V4、VD3 迅速放电，形成锯齿波的回程电压。所以，当 V4 周期性地导通、截止时，在端 4# 即 Uc5 就形成了一系列线性增长的锯齿波，锯齿波的斜率是由 C1 的充电时间常数 (R6+R22+RP)C1 决定的。

3. 脉冲形成环节

脉冲形成环节主要由 V7、VD5、C2、R7 等元件组成，当 V6 截止时，+15V 电源通过 R25 给 V7 提供一个基极电流，使 V7 饱和导通。同时 +15V 电源经 R7、VD5、V7、接地点给 C2 充电，充电结束时，C2 左端电位 Uc6=+15V，C2 右端电位约为 +1.4V，当 V6 由截止转为导通时，Uc6 从 +15V 迅速跳变到 +0.3V，由于电容两端电压不能突变，C2 右端电位从 +1.4V 迅速下跳到 -13.3V，这时 V7 立刻截止。此后 +15V 电源经 R25、V6、接地点给 C2 反向充电，当充电到 C2 右端电压大于 1.4V 时，V7 又重新导通，这样在 V7 的集电极就得到了固定宽度的脉冲，其宽度由 C2 的反向充电时间常数 R25×C2 决定。

4. 脉冲移向环节

脉冲移相环节主要由 V6、Uc、Ub 及外接元件组成，锯齿波电压 Uc5 经 R24、偏移电压 Ub 经 R23、控制电压 Uc 经 R26 在 V6 的基极叠加，当 V6 的基极电压 Ub6>0.7V 时，V6 导通（即 V7 截止），若固定 Uc5、Ub 不变，使 Uc 变动，V6 导通的时刻将随之改变即脉冲产生的时刻随之改变，这样脉冲也就得以移相。

5. 脉冲分选与放大输出环节

V8、V12 组成脉冲分选环节，功放环节由两路组成：一路由 V9～V11 组成，另一路由 V13～V15 组成。在同步电压 Us 一个周期的正负半周内，V7 的集电极有两个相隔 180° 的脉冲，这两个脉冲可以用来触发主电路中同一相上分别工作在正负半周的两个晶闸管。那么，上述两个脉冲如何分选呢？由图可知，两个脉冲的分选是通过同步电压的正半周和负半周来实现的。当 Us 为正半周时，V1 导通，m 点为低电平，n 点为高电平，V8 截止，V12 导通，V12 把来自 V7 集电极的正脉冲钳位在零电位。另外，V7 集电极的正脉冲又通过二极管 VD7 经 V9～V11 组成的功效放大电路放大后由端 1# 输出。当 Us 为负半周时，则情况相反，V8 导通，V12 截止，V7 集电极的正脉冲经 V13～V15 组成的功效放大电路放大后由端 15# 输出。

电路中 V11～V20 是为了增强电路的抗干扰能力而设置的，用来提高 V8、V9、V12、V13 的门坎电压，二极管 VD1、VD2、VD6～VD8 起隔离作用，端子 13#、14# 是提供脉冲调制和封锁脉冲。该集成触发电路脉冲的移相范围小于 180°，当 Us=30V 时，其有效的移相范围为 150°。

6. KC04 电路波形图

KC04 电路波形图如图 7-4 所示。

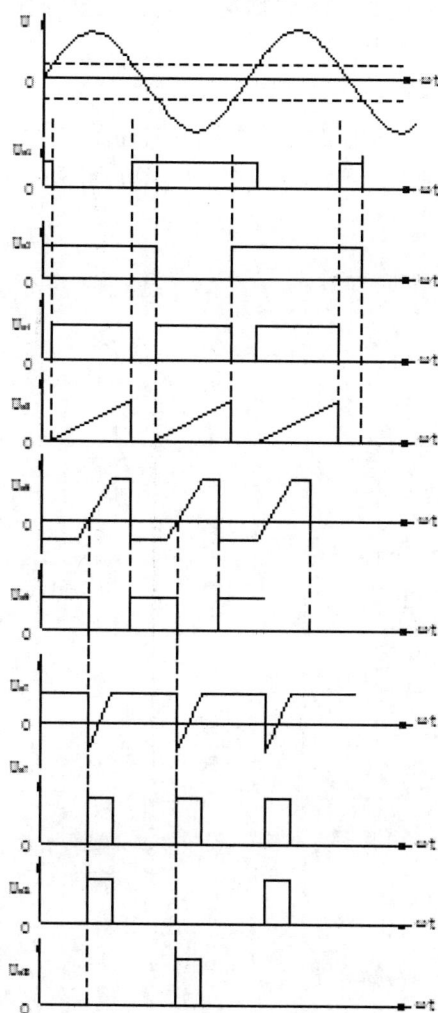

图 7-4 KC04 电路波形图

四、项目实施

1. 项目准备

DSC-5 型晶闸管直流调速柜 8 台,分小组进行,每组 4 人;万用表每组一个;十字螺钉旋具、一字螺钉旋具每组各一把;其他电工维修工具每组各一套。

(1)项目实施目的。

1)掌握触发板电路的结构和工作原理。

2)掌握触发板的调试步骤。

3)掌握触发板的排除故障方法。

（2）项目实施步骤。

1）DSC-5 型晶闸管直流调速柜触发板电气资料的准备。

2）读懂 DSC-5 型晶闸管直流调速柜触发板的电气原理图和接线图。

3）认识触发板各环节的作用。

4）应用隔离板的调试步骤进行调试训练。

5）设置模拟故障，应用触发板的故障检修方法进行排除故障练习。

触发板原理图如图 7-5 所示，触发板元件位置图如图 7-6 所示。

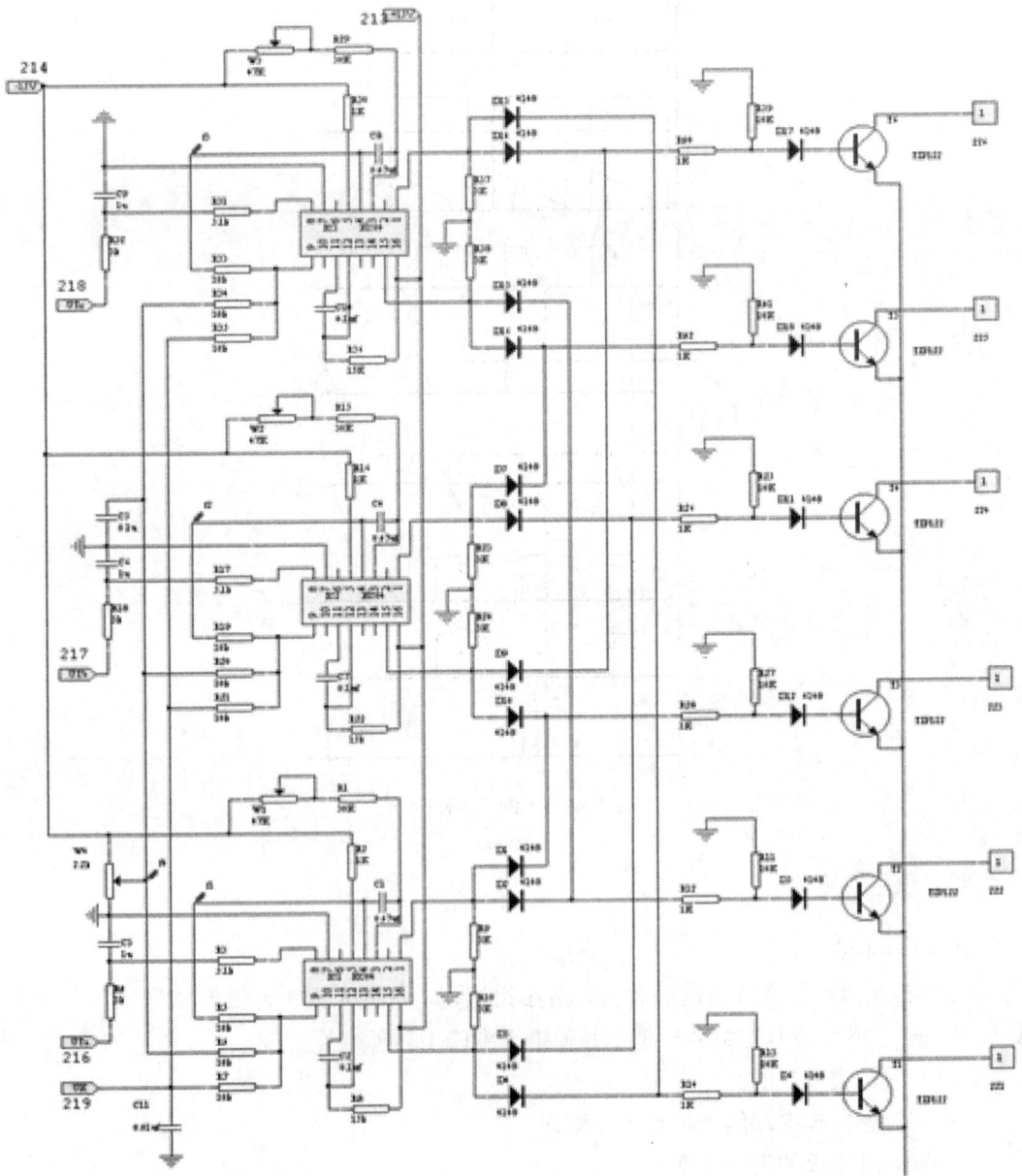

图 7-5 触发板原理图

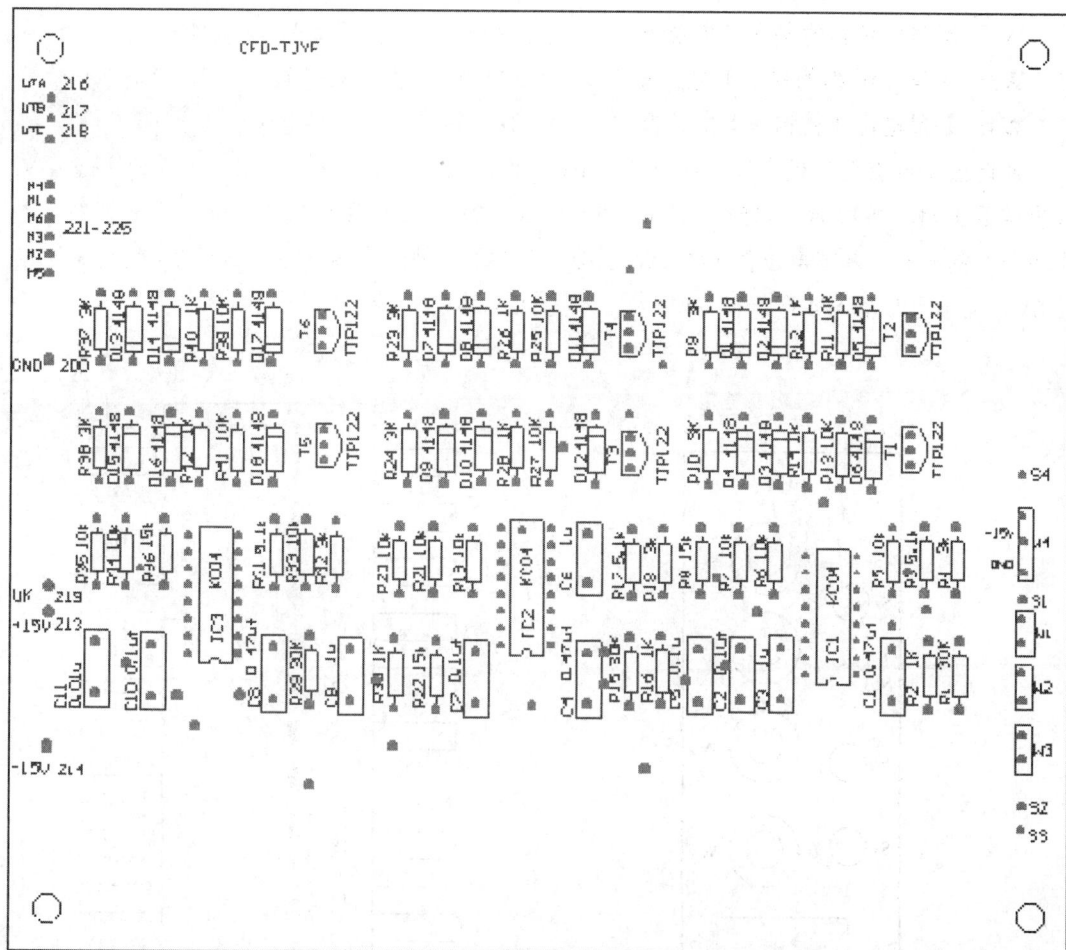

图 7-6　触发板元件位置图

2. 触发板调试步骤

（1）调节三相触发电路中 KC04 锯齿波斜率（万用表、示波器，两种方法）。

在触发板上，W1、W2、W3 的作用是调整 KC04 锯齿波的斜率，在开环条件下，令 $U_g=0$，调节 W1、W2、W3，测量测试点 S1、S2、S3 对地电压，当其值为 6.3V 时，理论分析 U_g 变化 1V，脉冲移相 20°。

（2）设置调节偏移电压 U_b。

设置 U_b 的作用是当触发电路的控制电压 $U_c=0$ 时使晶闸管整流装置输出电压 $U_d=0$，相位角 α 定义为初始相位角。整流电路的形式不同，负载的性质不同，初始相位角 α 不同，阻性负载时，三相半波 $\alpha=150°$，三相全控桥 $\alpha=120°$，三相半控桥 $\alpha=180°$。

小提醒

如图 7-7 所示为触发板控制盒前后视图，控制盒上各调节电位器和测试点的含义如下：

W1：斜率（U 相的斜率）电位器　　　　S1：斜率值（U 相）

W2: 斜率（V相的斜率）电位器   S2: 斜率值（V相）

W3: 斜率（W相的斜率）电位器   S3: 斜率值（W相）

W4: 偏置电压（初相角）电位器   S4: 偏置电压值

此时由于没有调节板安装，所以 Uk=0V。闭合控制电路，首先用转接线分别测量各输入量是否正确，即+15V、-15V、Uta、Utb、Utc、0V，正确后断电，将触发板安装好，再次闭合控制电路，调节电位器 W1、W、W3，并测量各测试点 S1、S2、S3 电压均为直流电压 6V，调节电位器 W4 即改变 Up 的值，调节 Up 到-6V 左右。

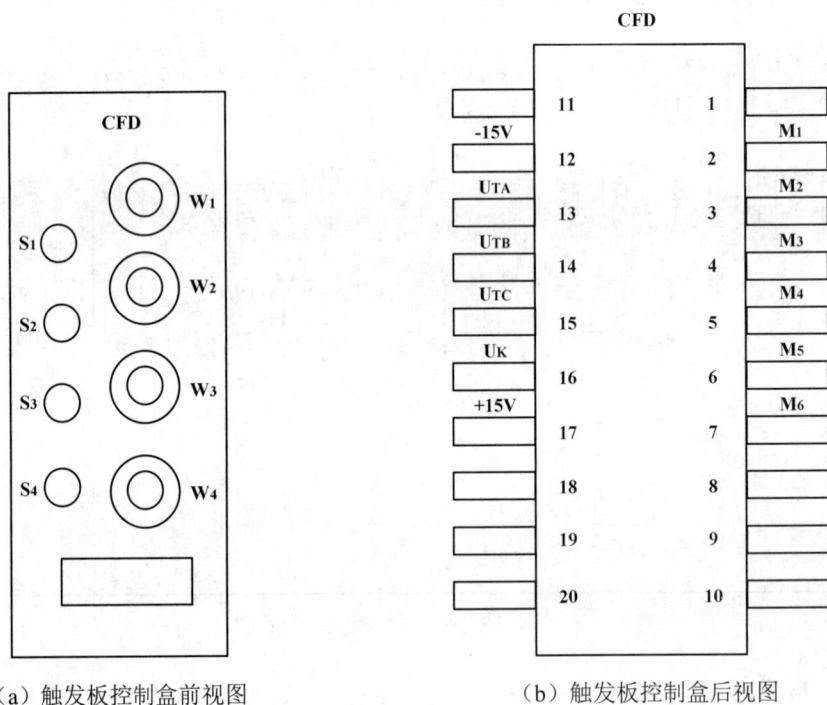

（a）触发板控制盒前视图   （b）触发板控制盒后视图

图 7-7   触发板控制盒前后视图

3. 触发板故障分析

触发板的常见故障原因和故障点如表 7-1 所示，应用时可以参考。

表 7-1   触发板的常见故障原因和故障点

序号	故障现象	故障点
1	没有相应的补脉冲出现，Ud 波形缺波头	断开 VD13、VD15、VD7、VD9、VD1、VD3 中的任意一个
2	Ut5 不导通，Ud 电压低，为正常的 2/3 左右	断开 VD14
3	Ud 为正常值的 2/3，波形缺波头，Ut3 未导通	断开 VD8（也可反接）
4	Ud 波形缺波头，Ut1 未导通	断开 VD2（也可反接）
5	T5 不导通，Ug5 未输出，Ut3 未导通	加大 R40 的阻值

续表

序号	故障现象	故障点
6	T3 不导通，Ug3 未输出，Ut3 未导出	加大 R26 的阻值
7	T1 未导通，Ut1 未导通	加大 R12 的阻值
8	没有该相脉冲，Ud 低	反接 VD17、VD11、VD5 中的一个
9	对应的 KC04 不工作，没有该相的输出脉冲	断开 Uta、Utb、Utc，同步电压
10	相序不正确，电压在小范围内可以波动	改变 Uta、Utb、Utc 的顺序
11	对应该相脉冲没有输出	KC04 损坏

五、项目小结

KC04 电路可分为同步电源、锯齿波形成、脉冲移相、脉冲形成、脉冲分选与放大输出 5 个环节。

六、知识拓展

1. 防止晶闸管误导通的措施

（1）门极回路使用屏蔽线并将金属屏蔽层可靠接地。

（2）门极回路走线与载流大的导线以及易产生干扰信号的引线之间保持足够的距离。

（3）触发器的电源采用有静电屏蔽的变压器供电。

（4）不要选用触发电流较小的晶闸管。

（5）门极和阴极间加幅值不大于 5V 的负偏压。

（6）在脉冲变压器二次侧输出或晶闸管的门极和阴极之间串并二极管、电阻、电容，通常在门极和阴极间并接 $0.01\sim0.1\mu P$ 的电容可有效吸收高频干扰。

2. 触发脉冲信号的功率和宽度

因为晶闸管元件门极参数具有一定的分散性，并且外界温度不同时元件的触发电压和电流也有一定的差异。即使同一型号的晶闸管也不能用一条伏安特性来表示出来，而只能用该型号晶闸管的一组高阻伏安特性和一组低阻伏安特性所围成的一个伏安特性区域来表示，所以为了使元件在各种可能的工作条件下均能可靠触发，触发电路所发出的触发脉冲电压和电流必须大于门极规定的触发电压 Ugt 与触发电流 Igt 的最大值，并且留有足够的余量。

另外，由于晶闸管的触发是有一个过程的，也就是说晶闸管的导通需要一定的时间，不是一触即通的，只有晶闸管的阳极电流即主回路电流上升到擎住电流 IL 以上时，管子才能导通，所以触发脉冲信号应有一定的宽度才能保证触发的晶闸管可靠导通。

七、思考与练习

1. 试分析 KC04 各环节的作用。
2. 简述触发板的工作原理。
3. 设置偏移电压 Ub 的作用是什么？如何调节？
4. 试说明直流调速柜在单闭环控制下触发板的调试方法。

项目八　隔离电路调试与维护

一、项目导入

DSC-5 型晶闸管直流调速系统输出比较高的直流电压，如果直接从输出端引入反馈是十分危险的，为了保证调压系统能正常工作并确保操作人员的人身安全，调压柜采用变压器隔离的措施，隔离工作由隔离电路板 YGD 完成。隔离电路板 YGD 如图 8-1 所示。

图 8-1　隔离电路板实物图

二、项目分析

图 8-2 所示为 DSC-5 型晶闸管直流调速系统隔离电路板 YGD 的线路原理图。隔离电路的作用是将主电路（强电部分）与控制电路（弱电部分）隔离，使其只有磁的联系而没有电的直接联系，保证人身安全。

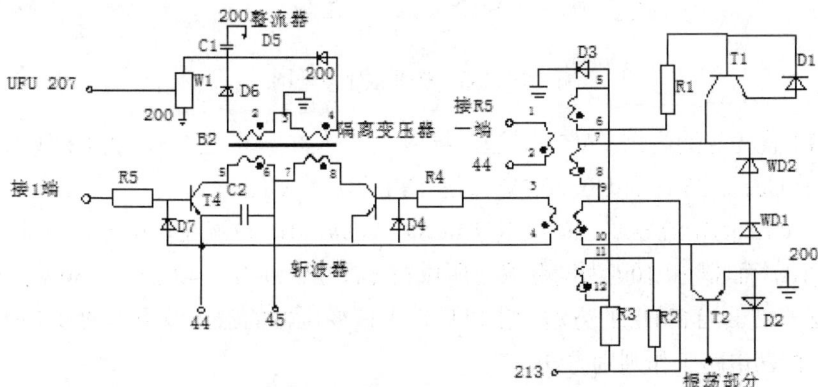

图 8-2　隔离电路线路原理图

隔离电路主要由振荡电路、斩波器、隔离变压器和整流器四部分组成。如何判断振荡器工作与否？什么是斩波器？斩波器如何实现隔离？下面我们通过理论学习和技能实践来解答以上问题。

三、相关知识

1. 振荡电路

振荡电路是用来产生具有周期性的模拟信号（通常是正弦波或方波）的电子电路，通常由放大电路、选频网络、正反馈网络和稳幅环节组成。

由于器件不可能参数完全一致，因此在上电的瞬间两个三极管的状态就发生了变化，这个变化由于正反馈的作用越来越强烈，导致到达一个暂稳态。暂稳态期间另一个三极管经电容逐步充电后导通或者截止，状态发生翻转，到达另一个暂稳态，这样周而复始形成振荡。

（1）振荡电路的工作原理。

图 8-3 所示为振荡电路原理图。+15V 的直流电源经振荡变压器的绕组 9#、10#加于 VT2 的集电极，经电阻 R3、绕组 12#、11#、R2 加于 VT2 的基极，+15V 电源经绕组 8#、7#加于 VT1 的集电极，经电阻 R3、绕组 5#、6#、R1 加于 VT1 的基极。此时 VT1、VT2 同时具备了导通条件，但由于 VT1、VT2 的参数不完全一致，导致了其中一个三极管优先导通工作。

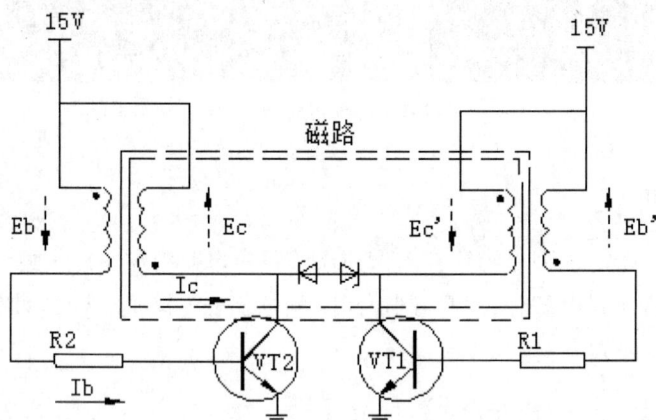

图 8-3　振荡电路原理图

以 VT1 优先导通为例，VT1 导通，导致 VT2 集电极电位下降，VT2 截止，当 VT1 饱和时，由于 Uce=0.3V，而 Ube=0.7V 而使 VT1 截止，VT2 导通。

VT1，VT2 的轮流导通，使绕组 7#，8# 和 9#，10#轮流流过电流，电流方向为 8# 到 7#，再到 10# 而 8# 和 10# 为同名端，所以在 1#、2# 和 3#、4# 产生 180°的信号，而且频率为 2kHz 左右。当 2kHz 的方波产生以后，振荡变压器的输出波形如图 8-4 所示。

（2）振荡电路工作判别方法。

判断振荡电路是否工作可以用以下几种方法：

- 直观法：振荡电路工作时应有蜂鸣声。
- 仪表测量法：使用万用表测量 1#、2# 和 3#、#时应有 3.3V 左右的电压。

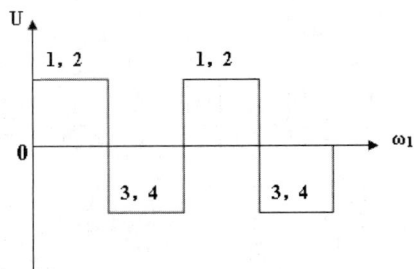

图 8-4 振荡变压器的输出波形

- 仪器测量法：用示波器应能看到 2kHz 左右的方波。

2. 斩波器

（1）隔离实现方法。

由于 DSC-5 型晶闸管直流调速系统主电路输出的是直流电压，不能直接利用变压器进行隔离，就需要利用电路进行处理。电路中实现隔离的方法有以下两种：

- 利用直流电流互感器隔离，但是直流电流互感器工作时需要辅助变压器，体积大，不方便。
- 将直流电变换为交流电，然后利用隔离变压器进行隔离，最后将隔离后得到的交流电进行整流，获得一个直流电压。

第二种方法利用电子电路很容易实现，其中核心问题就是如何将直流电信号变换为一个幅值与其成正比关系的交流电信号，为此可以采用斩波器。

斩波器是利用电子开关器件将某一个直流电信号不断地导通、切断、导通、切断……，从而在电子开关器件的输出端得到一个幅值与原始直流电信号相同的单极性方波信号。控制开关器件需要开关信号，可以利用振荡器来实现，例如运算放大器、555 时基电路、数字电路器件、分立元件构成的振荡器等，其振荡频率不能太低，否则可能引发隔离变压器磁化；振荡频率也不能太高，因为电路中隔离变压器属于电感元件，其建立磁通和磁势需要花费固定的时间，这主要与其磁芯材料有关。斩波器的电子开关器件的导通和关断时间可以不一样，这样就可以得到不同平均电压的方波信号。

（2）斩波器的工作原理。

图 8-5 所示为斩波器电路原理图。44#和 45#是反馈信号，45#为正值。振荡器在 B1 的 1 端、2 端和 3 端、4 端上产生方波，当 2 端为正值、1 端为负值时即 VT4 导通，3 端为负值、4 端为正值时即 VT3 截止；VT4 导通时，45#线上的电流通过 B2 的 6 端进入 VT4 的集电极回到 44#线，由于 B2 的初级绕组通入了电流，在其次级绕组上便感应出了电动势。当 2 端为负值、1 端为正值时即 VT4 截止，3 端为正值、4 端为负值，即 VT3 导通，VT3 导通时 45#线上的电流通过 B 的 7 端进入 VT3 的集电极回到 44#线，两个晶体管如此循环工作，使 B2 次级感应出连续的电压，该电压经过整流滤波回馈给控制电路。

3. 隔离板电路的工作原理

44#、45#为取自主电路的电压反馈信号，其中 45# 电位高于 44# 电位，即 45# 为正，44# 为负。

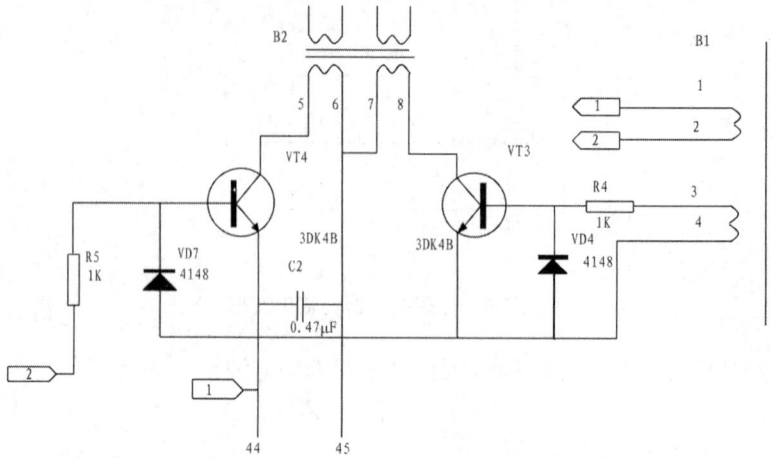

图 8-5   斩波器电路原理图

（1）当 1#、2#输出时，VT4 饱和导通，此时隔离变压器的原边绕组 5#、6#脚接通反馈电压，即 6#正、5#负，而副边 1#、2#脚产生电压，2#正、1#负。

（2）当 3#、4#输出时，VT3 饱和导通，此时隔离变压器的原边绕组 7、8 脚接通反馈电压，即 7 正、8 负，而副边 3#、4#脚产生电压，3#正、4#负。

（3）隔离变压器原边绕组约为 1.8Ω 而副边绕组约为 2.0Ω，同时具有一定的升压作用，用于补偿控制电路的损耗。斩波器经隔离变压器产生 2kHz 的信号，即将 45#与 44#的直流信号调制成 2kHz 交流信号，再经由 VD5、VD6 组成的全波整流电路变为直流电压作为反馈信号使用。由于隔离器的隔离作用，控制系统与高电压的主电路不发生直接的电联关系，因此设备工作安全可靠。

四、项目实施

1. 项目准备

DSC-5 型晶闸管直流调速柜 8 台，分小组进行，每组 4 人；万用表每组一个；十字螺钉旋具、一字螺钉旋具每组各一把；其他电工维修工具每组各一套。

（1）项目实施目的。

1）掌握隔离板电路的结构和工作原理。

2）掌握隔离板的调试步骤。

3）掌握隔离板排除故障的方法。

（2）项目实施步骤。

1）DSC-5 型晶闸管直流调速柜隔离板电气资料的准备。

2）读懂 DSC-5 型晶闸管直流调速柜隔离板的电气原理图和接线图。

3）认识隔离板的隔离方法。

4）应用隔离板的调试步骤进行调试训练。

5）设置模拟故障，应用隔离板的故障检修方法进行排除故障练习。

隔离板元件位置图如图 8-6 所示。

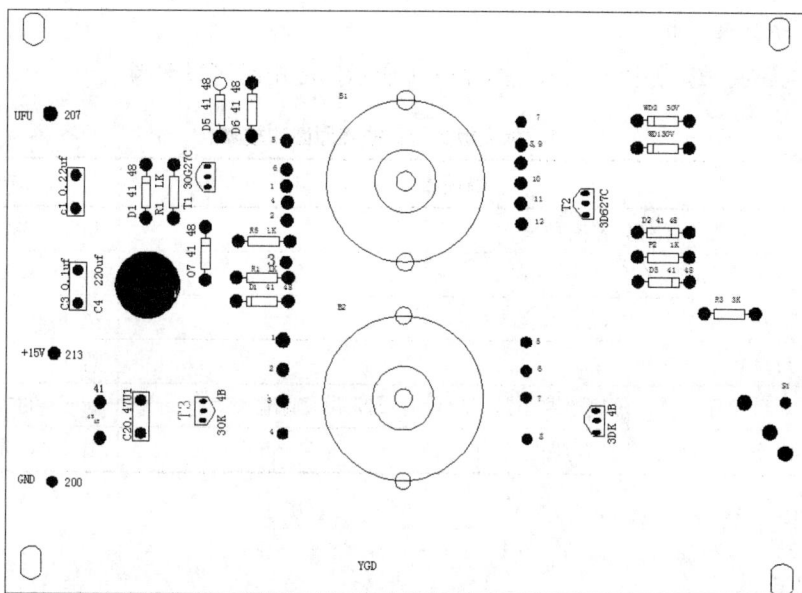

图 8-6　隔离板元件位置图

2. 隔离板调试步骤

（1）检查各输入量是否正常，即+15V 是否正常，接线是否正确。

（2）插入电源板和隔离板，此时主电路尚未工作，所以 44#和 45#线均无电压。

（3）闭合控制电路应有蜂鸣声，表示震荡变压器工作正常，2kHz 方波已经产生，用示波器测试波形是否为方波。

小提醒

如图 8-7 所示为隔离板控制盒前后视图，控制盒上各调节电位器和测试点的含义如下：

W1：电压反馈值调整电位器　　　　　　S1：电压反馈值测试点

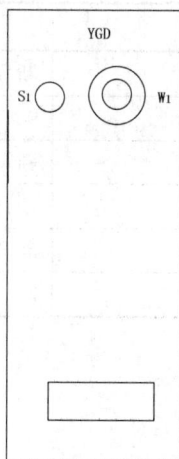

（a）隔离板控制盒前视图　　　　　　（b）隔离板控制盒后视图

图 8-7　隔离板控制盒前后视图

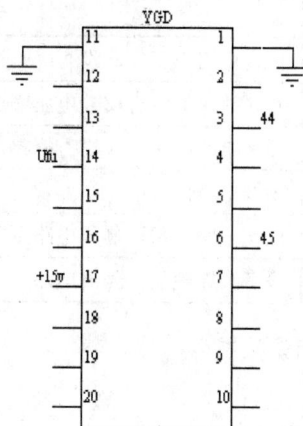

3. 隔离板故障分析

隔离板的常见故障原因和故障点如表 8-1 所示，应用时可以参考。

表 8-1　隔离板的常见故障原因和故障点

序号	故障现象	故障点
1	振荡电路不工作，没有蜂鸣声	断开+15V
2	有蜂鸣声但没有反馈电压输出	9、10 脚反接
3	振荡电路不工作，没有蜂鸣声	断开 VT1 的基极
4	反馈电压低（小一半）	断开 VD5 或 VD6
5	振荡电路正常，隔离电路正常，但没有反馈电压输出	断开 VD5 或 VD6
6	没有反馈电压，隔离电路不工作	断开 44#或 45#线

五、项目小结

1. 振荡电路

振荡电路是用来产生具有周期性的模拟信号（通常是正弦波或方波）的电子电路，通常由放大电路、选频网络、正反馈网络和稳幅环节组成。

2. 斩波器

斩波器是利用电子开关器件将某一个直流电信号不断地导通、切断、导通、切断……，从而在电子开关器件的输出端得到一个幅值与原始直流电信号相同的单极性方波信号。

3. 隔离板调试步骤

（1）检查各输入量是否正常。

（2）插入电源板和隔离板，测输出电压。

（3）闭合控制电路应有蜂鸣声，示波器测试是否产生 2kHz 方波。

4. 隔离板故障分析

序号	故障现象	故障点
1	振荡电路不工作，没有蜂鸣声	断开+15V
2	有蜂鸣声但没有反馈电压输出	9、10 脚反接
3	振荡电路不工作，没有蜂鸣声	断开 VT1 的基极
4	反馈电压低（小一半）	断开 VD5 或 VD6
5	振荡电路正常，隔离电路正常，但没有反馈电压输出	断开 VD5 或 VD6
6	没有反馈电压，隔离电路不工作	断开 44#或 45#线

六、知识拓展

1. 振荡电路

（1）振荡电路的作用：一是能量的传递，二是信号的处理。

（2）振荡器的分类。

按振荡器工作原理分为反馈振荡器、负阻振荡器。

按电路元件分为分立元件振荡器、集成振荡器、晶体振荡器。

按振荡器输出频率分为超低频振荡器（1Hz 以下）、低频振荡器（1Hz-3kHz）、高频振荡器（3kHz～3MHz）、超高频振荡器（3MHz 以上）。

（3）振荡电路的特点。

- 无外加信号，输出一定频率一定幅值的信号。
- 电路中引入的是正反馈，且振荡频率可控。
- 在电扰动下，对于某一特定频率的信号形成正反馈。
- 由半导体器件的非线性特性及供电电源的限制，最终达到动态平衡，稳定在一定的幅值。

2．斩波电路

将固定的直流电压变换成可调的直流电压称为 DC/DC 变换或直流斩波，具有这种DC/DC 变换功能的电力电子装置称为 DC/DC 变换器，广泛应用于直流电动机调速、蓄电池充电、开关电源等方面。DC/DC 变换中，还可以采用不可控整流加直流斩波调压方式替代晶闸管相控整流，以提高变流装置的输入功率因数。

DC/DC 变换器按结构不同可以分为直接 DC/DC 变换器和变压器隔离型 DC/DC 变换器。

七、思考与练习

1．如何判断振荡电路是否工作？

2．简述斩波器的工作原理。

3．试说明实现隔离的方法。

4．简述隔离板电路的工作原理。

5．试说明直流调速柜在单闭环控制下隔离板的调试方法。

6．若直流调速柜中振荡电路和隔离电路均正常，但没有反馈电压输出，试分析故障原因。

项目九　保护电路调试与维护

一、项目导入

DSC-5 型晶闸管直流调速系统主电路的核心是由 6 个晶闸管组成的三相全控桥式整流器（简称三相全控桥），如图 9-1 所示。为了保证主电路安全可靠地进行工作，针对其核心部分做了相应的保护设计，即保护电路部分。本项目将学习保护电路的结构和工作原理。

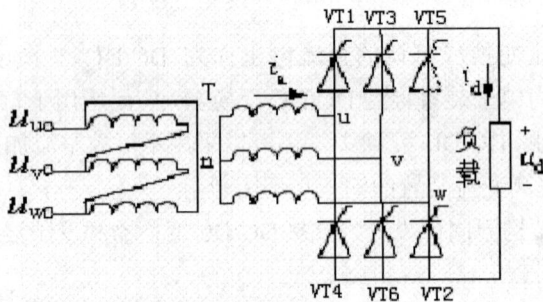

图 9-1　晶闸管可控整流电路图

二、项目分析

保护电路的作用是指当系统内部、外部出现异常或故障时，保护电路能及时地进行缓冲或动作，以避免器件的损坏和故障的扩大，最终达到保护系统内外部设备安全的目的。

系统中主要保护电路为过电压保护电路、晶闸管保护电路、谐波消除电路和缺相检测电路。晶闸管保护电路包括哪些器件，分别如何完成其功能？缺相检测电路的工作原理是什么？下面我们通过理论学习和技能实践来解答以上问题。

三、相关知识

1. 过电压保护电路

超出系统各部分所设定的额定电压的现象称为过电压。

由于自然原因（如雷击）、同一供电系统中某一个大容量负载突然起动或停止致使电网产生瞬时过电压。为进一步保护主电路不受由电网而来的瞬时过电压损坏或者误导通，保护电路中结合电容器两端电压不能突变的原理，设计了三个电容进行三角形连接，从而吸收过电压。

2. 晶闸管保护电路

系统主电路中晶闸管会因瞬间过电压而误导通，也会因过电流而烧毁。为了保护整流电路中的每一个晶闸管，系统根据晶闸管可能出现的故障对应设计相应的电路，进而构成了晶闸管保护电路。

（1）为保护每个晶闸管不受瞬间过电压损坏或者误导通，给每一个晶闸管均并联了阻容电路。

（2）由于负载短路、晶闸管元件被击穿、导线掉落搭接等原因造成过电流，为保护晶闸管元件不因过流而烧毁，在电路中设计了快速熔断器。

（3）为安全控制晶闸管元件，每个晶闸管元件门极都连接了以脉冲变压器为核心的门极触发电路。

门极触发电路的脉冲变压器保证了强电工作部分（晶闸管元件）和弱电控制部分（电子电路）电气上的隔离，防止高电压串入低电压，从而引发危险，门极触发电路的原理如图 9-2 所示（其中绘出了 1#晶闸管的触发电路，其他的相同）。

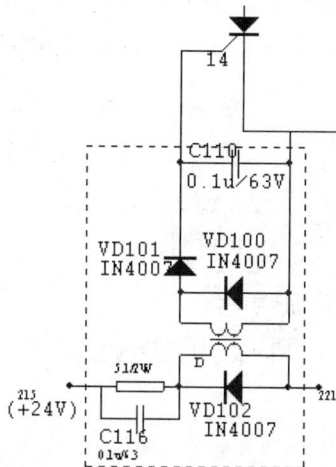

图 9-2　门极触发电路

门极触发电路中的电阻是限流保护电阻，是为了防止触发脉冲过宽时脉冲变压器饱和，从而导致脉冲变压器线圈失去感抗，大电流流过脉冲变压器线圈进而导致线圈烧毁而设计的，电容是加速电容，是为了在触发脉冲的前沿产生强触发效果，加速晶闸管导通过程而设计的。与脉冲变压器线圈并联的二极管是泄放二极管，是为了给门极触发电路在脉冲消失时线圈里面的感应电动势一个泄放的通道，防止该感应电动势损坏别的元器件。与晶闸管门极串联的二极管的作用是保证晶闸管门极只能获得正向脉冲，防止晶闸管门极承受负电压损坏或误动作。

3. 谐波消除电路

三相可控整流电路工作时，由于负载上获得的是缺角正弦波，其中将含有大量的高次谐波，高次谐波使电网电压波形发生畸变，会降低电网的功率因数。影响最大的高次谐波为三次谐波，为了消除三次谐波的影响，在主电路中采用了原边连接成三角形的变压器。另外，一般将变压器的副边连接成星形，可以获得一个零线，用于进行缺相检测。

该变压器还有一个作用，即降低输入三相整流桥的电压。再同样的输出电压要求下，如果输入三相整流桥的电压越低，则其触发角 α 越小，其导通角 β 越大，产生的高次谐波分量也就越小，同时主电路的电压波形和电流波形更容易连续。

小提醒

　　DSC-5 型晶闸管直流调压柜的变压器变比为 380/215。连接成 △/Y 型的变压器原边和副边的电压在相位上会产生移动，DSC-5 型晶闸管直流调压柜所采用的变压器副边的电压相位比原边电压相位超前 30°，故连接组为 11，所以其变压器为 △/Y0-380/215-11-4KVA。

　　4. 缺相检测电路

　　为了防止系统缺相运行，从而导致系统输出电压不平滑，主电路中还设计了缺相检测电路，是利用了三相交流电通过电容器进行矢量合成的原理构成，电路原理图如图 9-3 所示。当不缺相时，三相电压矢量和为 0，缺相检测电路没有输出电压；当发生一相缺相时，三相电压矢量和将不为 0，其矢量和的电压大小等于单相相电压，方向与缺相电压相反；当发生两相缺相时，显而易见，缺相检测电路将获得剩余的一相的相电压。

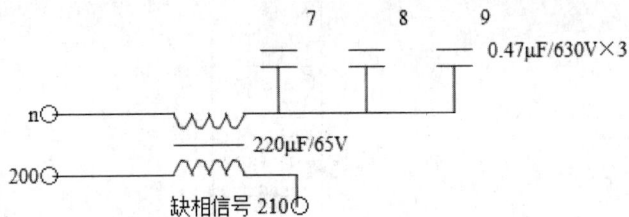

图 9-3　缺相检测电路

　　四、项目实施

　　1. 项目准备

　　DSC-5 型晶闸管直流调速柜 8 台，分小组进行，每组 4 人；万用表每组一个；十字螺钉旋具、一字螺钉旋具每组各一把；其他电工维修工具每组各一套。

　　（1）项目实施目的。

　　1）掌握保护电路的结构和工作原理。

　　2）掌握保护电路的调试步骤。

　　3）掌握保护电路排除故障方法。

　　（2）项目实施步骤。

　　1）DSC-5 型晶闸管直流调速柜保护电路电气资料的准备。

　　2）读懂 DSC-5 型晶闸管直流调速柜保护电路的电气原理图和接线图。

　　3）认识系统电路保护方法。

　　4）应用保护电路的调试步骤进行调试训练。

　　5）设置模拟故障，应用保护电路的故障检修方法进行排除故障练习。

　　2. 保护电路调试步骤

　　（1）断开电源，对主电路仔细观察，询问故障发生时产生的光、声、味等异常现象，初步确定故障范围；各输入量是否正常，即+15V 是否正常，接线是否正确。

（2）接通主电路即发生报警、跳闸现象，则说明电路不正常。

（3）在线检测，根据电路参数进行对应调试。

3. 保护电路故障分析

保护电路的常见故障原因和故障点如表 9-1 所示，应用时可以参考。

表 9-1　保护电路的常见故障原因和故障点

序号	故障现象	故障原因
1	KM1 不闭合	U 相保险处电路断开
2	没有输出电压 Ud	电流 Id 没有达到设计值

五、项目小结

1. 过电压保护电路

由于自然原因（如雷击）、同一供电系统中某一个大容量负载突然起动或停止致使电网产生瞬时过电压。为进一步保护主电路不受由电网而来的瞬时过电压损坏或者误导通，保护电路中结合电容器两端电压不能突变的原理，设计了三个电容进行三角形连接，从而吸收过电压。

2. 晶闸管保护电路

系统主电路中晶闸管会因瞬间过电压而误导通，也会因过电流而烧毁。为了保护整流电路中的每一个晶闸管，系统根据晶闸管可能出现的故障对应设计相应的电路，进而构成了晶闸管保护电路。

3. 谐波消除电路

三相可控整流电路工作时，由于负载上获得的是缺角正弦波，其中将含有大量的高次谐波，高次谐波使电网电压波形发生畸变，会降低电网的功率因数。影响最大的高次谐波为三次谐波，为了消除三次谐波的影响，在主电路中采用了原边连接成三角形的变压器。

4. 缺相检测电路

为了防止系统缺相运行，从而导致系统输出电压不平滑，主电路中还设计了缺相检测电路。当不缺相时，三相电压矢量和为 0，缺相检测电路没有输出电压；当发生一相缺相时，三相电压矢量和将不为 0，其矢量和的电压大小等于单相相电压，方向与缺相电压相反；当发生两相缺相时，显而易见，缺相检测电路将获得剩余的一相的相电压。

六、知识拓展

晶闸管的保护电路大致可以分为两种情况：一种是在适当的地方安装保护器件，例如 RC 阻容吸收回路、限流电感、快速熔断器、压敏电阻或硒堆等；一种是采用电子保护电路，借助整流触发控制系统使整流桥短时间内工作于有源逆变工作状态，从而抑制过电压或过电流的数值。

1. 晶闸管的过流保护

晶闸管设备产生过电流的原因可分为两类：一类是由于整流电路内部的原因，如整流晶闸管损坏、触发电路或控制系统有故障等，整流桥晶闸管损坏较为严重，一般是由于晶闸管因过电压而击穿，造成无正反向阻断能力，它相当于整流桥臂发生永久性短路，使在另外两桥臂晶闸管导通时无法正常换流，因而产生线间短路引起过电流；另一类是整流桥负载外电路发生短路而引起的过电流，这类情况时有发生，因为整流桥的负载是逆变桥，逆变电路换流失败就相当于整流桥负载短路，另外如整流变压器中心点接地，当逆变负载回路接触大地时也会发生整流桥相对地短路。

2. 晶闸管的过压保护

晶闸管设备在运行过程中会受到由交流供电电网进入的操作过压和雷击过压的侵袭。同时，设备自身运行中以及非正常运行中也有过压出现。

过压保护的第一种方法是并接 RC 阻容吸收回路，以及用压敏电阻或硒堆等非线性元件加以抑制。

过压保护的第二种方法是采用电子电路。

3. 电流上升率、电压上升率的抑制保护

（1）电流上升率 di/dt 的抑制。

晶闸管初开通时电流集中在靠近门极的阴极表面较小的区域，局部电流密度很大，然后以 0.1mm/μs 的扩展速度将电流扩展到整个阴极面，若晶闸管开通时电流上升率 di/dt 过大，会导致 PN 结击穿，必须限制晶闸管的电流上升率使其在合适的范围内。有效办法是在晶闸管的阳极回路串联电感。

（2）电压上升率 dv/dt 的抑制。

加在晶闸管上的正向电压上升率 dv/dt 也应有所限制。如果 dv/dt 过大，由于晶闸管结电容的存在而产生较大的位移电流，该电流可以实际上起到触发电流的作用，使晶闸管正向阻断能力下降，严重时引起晶闸管误导通。为抑制 dv/dt 的作用，可以在晶闸管两端并联 RC 阻容吸收回路。

七、思考与练习

1. 整流电路中的晶闸管受瞬间过压损坏或者误导通应该如何避免？
2. 简述门极触发电路的作用。
3. 试说明系统产生高次谐波应该如何消除。
4. 简述缺相检测电路的工作原理。
5. 试说明直流调速柜保护电路的调试方法。

项目十　项目综合实训

一、项目导入

DSC-5 型晶闸管直流调速系统专供拖动直流电动机调速用，也可作为可调直流电源使用。直流调速系统是一个典型的系统，该系统包含晶闸管可控整流主电路、移相控制电路、转速，电流双闭环调速控制电路、缺相和过流保护电路等。给定信号为 0～10V 的直流信号，可对主电路输出电压进行平滑调节。采用双 PI 调节器可获得良好的动静态效果。为使系统在阶跃扰动时无稳态误差，并具有较好的抗扰性能，速度设计成典型 II 型系统，电流环校正设计成典型 I 型系统。若一个环节上出现故障，整个系统将无法正常运行，故对整个系统的调试和维护是不容忽视的，它决定着系统的稳定性和可行性。

二、项目分析

在手动控制的基础上发展起来的自动控制系统，按照系统有无反馈环节，可分为开环控制系统和闭环控制系统；按照系统是否存在稳态偏差，可分为有静差调速系统和无静差调速系统。对于不同的控制系统，其组成结构及元件各不相同。DSC-5 型晶闸管直流调速系统在开环状态下的组成结构、技术要求和相关调试方法都是怎样的呢？

三、相关知识

1. 开环控制系统

若系统的输出量不反送到输入端参与控制，即输出量 n 与输入量 Ugd 之间在电路上没有任何直接的联系，这样的系统称为开环控制系统。晶闸管供电的直流开环控制系统如图 10-1 所示。在输入端给定一个电压 Ugd，输出端电动机就对应有一个转速 n，欲改变转速 n，就必须人为地改变输入端给定电压 Ugd 的大小。

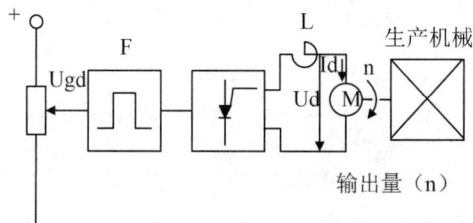

图 10-1　开环控制系统原理图

开环控制系统组成的方框图如图 10-2 所示，其调节过程为：当给定电压 Ugd 增大时，通过触发器 F 使晶闸管的控制角 α 减小，晶闸管整流电压 Ud 增加，由于电动机励磁磁通 Φ（图 10-1 中没有画出）是恒定的，所以电动机的转速 n 将增加，即 Ugd↑→α↓→Ud↑→n↑。

开环控制系统结构简单、成本低，输入量和输出量之间的关系是固定的。在内部参数和外部负载等扰动因素不大的情况下，可以采用开环控制系统，如一般的组合机床的控制等。但是，当各种无法预计的扰动因素，使被调量产生的偏差超过允许的限度时，则不能采用开环控制系统而要采用闭环控制系统，如一般黑色、有色冶金企业中的压碾机等的控制就必须采用闭环控制系统。

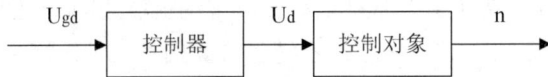

图 10-2　开环控制系统框图

2. 闭环控制系统

若系统的输出量被反送到输入端参与控制，即输出量 n 与输入量 Ugd 之间通过反馈环节（测速发电机 TG）联系在一起形成闭合回路的系统，称为闭环控制系统，又称为反馈控制系统，如图 10-3 所示。

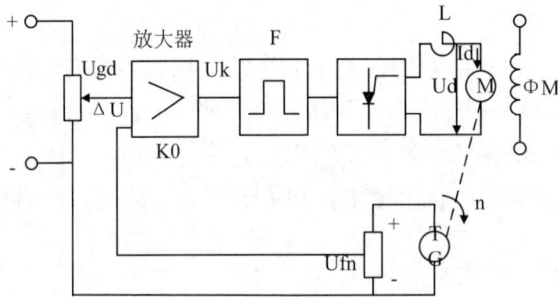

图 10-3　闭环控制系统原理图

测速发电机 TG 与电动机 M 装在同一机械轴上，并从测速发电机 TG 引出转速负反馈电压 Ufn，此电压正比于电动机的转速 n。Ufn 引回到输入端与给定电压 Ugd 相比较，其差值 $\Delta U = Ugd - Ufn$ 经放大器放大后得输出电压 Uk，Uk 即为晶闸管交流器的控制电压。用它去调节整流器输出电压 Ud，进而控制电动机转速 n 的高低。其中电动机是控制对象，电动机的转速 n 就是被控制量，该系统框图如图 10-4 所示。

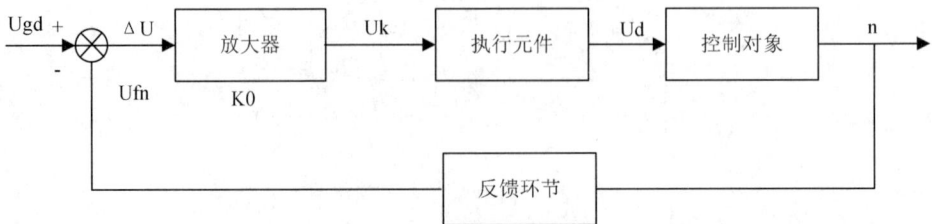

图 10-4　闭环控制系统框图

当电动机的转速 n 由于某种原因（如负载增加）而降低时，Ufn 将降低，偏差电压 ΔU 升高，控制电压 Uk 增加，则整流器输出电压 Ud 将增加．从而使电动机转速上升。该调节过程可用顺序图表示为：负载↑→ Id↑→ n↓→ ΔU↑→ Uk↑→ Ud↑→ n↑。可见，当 Ugd 不变而电动机的转速 n 由于某种原因产生波动时，通过转速负反馈可以自动调节电动机的转速而维持稳定。这样就抑制了扰动量对输出量 n 的影响，而且还大大提高了系统机械特性的硬度。但是闭环控制容易产生振荡（如系统的放大倍数过大时），因此对闭环控制系统来说，稳定性是一个需要充分重视的问题。

依靠反馈信号的作用，达到阻止被控制量变化的目的，称这种控制方法为反馈控制。

由于晶闸管供电的直流调速系统的开环机械特性不硬，特别是电流断续时机械特性更软，所以一般多采用闭环控制方案。

四、项目实施

1．项目准备

DSC-5 型晶闸管直流调速柜 8 台，分小组进行，每组 4 人；万用表每组一个；十字螺钉旋具、一字螺钉旋具每组各一把；其他电工维修工具每组各一套。

（1）项目实施目的。

1）掌握系统开环和闭环的结构和工作原理。

2）掌握系统开环和闭环的调试步骤。

3）掌握保护电路系统开环和闭环排除故障的方法。

（2）项目实施步骤。

1）DSC-5 型晶闸管直流调速柜开环和闭环电气资料的准备。

2）读懂 DSC-5 型晶闸管直流调速柜开环和闭环的电气原理图与接线图。

3）认识系统开环和闭环的区别。

4）应用系统开环和闭环的调试步骤进行调试训练。

5）设置模拟故障，应用系统开环和闭环的故障检修方法进行排除故障练习。

2．系统开环电路调试步骤

（1）柜体外观及导线的检查。

利用万用表检测电路中的快速熔断器和保险没有缺失后，将三相四线制 380V 交流电压的 U、V、W 三相接至交流接触器 KM1 上，零线接在接线柱 N 上。将 DSC-5 型晶闸管直流调压柜直流电源输出端连接到负载上，如果负载是电阻箱，将电阻箱手柄放置在电阻值最大的位置上；如果负载是他励直流电动机，则将其励磁线圈连接到辅助励磁电源的输出端，电枢线圈连接到装置的直流电源输出端。被控直流电动机的起动与停止只能由本装置的开关控制，不得在装置的直流电源输出线中另加开关控制电动机起动。

如果有条件，在通电调试前应先对整机（包括接线提示、绝缘、冷却等方面）进行全面检查，确认无误后方可通电。

（2）确认系统电源的相序。

应该确认系统的相序正确无误，因为三相全控桥式调压柜采用了双窄脉冲触发电路形式，所以辅助的补脉冲应该在主脉冲出发后 60°出现。如果电路相序连接不对，会造成补脉冲出现在主脉冲之前的情况。此时需要将调压柜的三相电源进线其中的任意两根对调来改变这种情况。

实际操作时，可以用示波器校对主电源与变压器的相序是否对应。使用示波器时要特别注意安全保护，应将电源接地端断开，但此时机壳带电，必须注意对地绝缘，以防人身触电。

（3）继电电路调试步骤。

把 DSC-5 型晶闸管直流调压柜上的控制板全部取出，然后接通主电源，按规定顺序操作面板上的按钮，检查继电器工作状态和控制顺序是否正常。

首先接通标有"控制电路接通"的主令开关 QS1，控制电源接触器 KM2 线圈得电，常开触点闭合，控制电源接通。此时应该检查同步变压器，看其输出的同步电压是否达到 30V、为控制电路提供电源的变压器副边抽头能否提供 17V 交流电压。

接通标有"主电路接通"的主令开关 QS2，主接触器 KM1 线圈得电，常开触点闭合，整流变压器 B1 得电，并将三相交流电送至整流桥输入端，同时辅助励磁电源得电，此时应该检查整流变压器的输入端电压是否缺相、整流变压器的二次侧线电压是否为 215V、输入辅助励磁电源的电压是否达到 245V、辅助励磁电源的输出电压是否达到 220V。另外还应该检查缺相侧电路的变压器的输出电压，看其是否小于 10V。

按下标有"起动"的按钮 SB2，给定回路接通继电器 KA 线圈得电，常开触点闭合，给定回路接通。

按下"停止"按钮，给定回路接通继电器 KA 释放。

关断"主电路接通"主令开关 QS2，KM1 线圈失电，常开触点断开，切断主电路电源。

关断"控制电路接通"主令开关 QS1，KM2 线圈失电，常开触点断开，切断控制电路电源。

完成以上检测工作后，人为地断开一个快速熔断器，起动控制电路接通继电器 KM2，起动主电路接通接触器 KM1，然后检查缺相检测电路的变压器的输出电压，看其是否大于10V。如果没有问题，断开电源，装好快速熔断器，准备进行下一项工作。

（4）直流电源调试步骤。

接入电源板（WYD），然后起动控制电路接通继电器 KM2，检查电源板的输出电压，测量各输出点电压是否正确，即有无+24V、+15V、-15V 输出（S4 测试点对 S1 测试点应为 24V，对 S2 测试点应为+15V，对 S3 测试点应为-15V），并检查以上输出是否连线完整。如果数值正确，前面板的三个发光二极管应正常发亮，如图 10-5 所示。

前面板上各测试点的含义如下：

S1：+24V 测试点　　S2：+15V 测试点　S3：-15V 测试点　S4：参考电位测试点

检测电源板正常后断开电源，进行下一项工作。

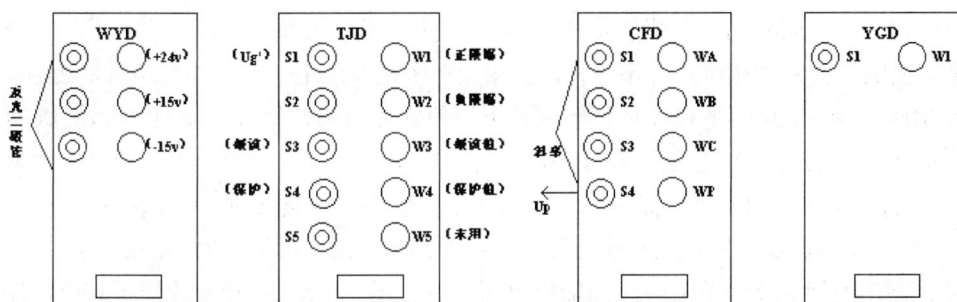

图 10-5 开环控制盒前视图

（5）给定信号的检查。

首先将调节板（TJB）中的跳线选择为开环控制方式，调整 W5 电位器为中间位置，W4 电位器为最小位置，然后将调节板（TJB）插到 DSC-5 型直流调压柜对应位置上。按顺序起动控制电路接通继电器 KM2、主电路接通继电器 KM1 和给定接通继电器 KA，用万用表检查柜门上安装的给定电位器中心抽头对 200 号线的电压，同时调节电位器，看其是否能在 0～10V 范围内连续平滑可调。然后检查给定电位器中心抽头的电压是否与触发板（CFD）上的 Uk 电压值一样。如果不一样，说明电路中存在断线，需要进行检查排除。如果通电系统就报警，说明保护电路出现了故障，需要检查滞环电压比较器与双 D 触发器及其周围相关器件。

以上检测完成后，将给定电位器调到 0V，断开 KA、KM1、KM2，准备进行下一项工作。

（6）三相锯齿波斜率平衡的调节。

将触发板（CFD）插到 DSC-5 型直流调压柜对应位置上，起动 KM2，调节 CFD 上的 W1、W2 和 W3 电位器，使可控硅开放对称，输出三相电压平衡。此时调节检测的方法有以下两种：

- 调节时可以用双踪示波器观测任意两相锯齿波的斜率，调节 W1、W2 和 W3 电位器，使其斜率相等，前提是必须将示波器的两踪信号电压增益调为一致（挡位相同，且都处于校准位置）。
- 使用万用表检查锯齿波斜率测试点的直流电压值，调节 W1、W2 和 W3 电位器使三相锯齿波测试点的直流电压值相等，因为触发电路选择的是 KC04 集成触发电路，所以此时三相可控硅开放也一定是对称的。

触发板面板上各调节电位器和测试点的含义如下：

W1：斜率（U 相的斜率）　　　　　　S1：斜率值（U 相）

W2：斜率（V 相的斜率）　　　　　　S2：斜率值（V 相）

W3：斜率（W 相的斜率）　　　　　　S3：斜率值（W 相）

W4：U 偏（可控硅的初相角）　　　　S4：U 偏值

对于此装置，调节电位器 W1、W2、W3 并测量各测试点 S1、S2、S3 的电压，使其达到 6.3V。

（7）脉冲初相角调节。

此时 Ug=Uk=0V，调节偏置电位器 Wp 改变偏置电压值的大小。偏置电压减小脉冲就会往 a 角增大的方向移动，偏置电压增大脉冲就会往 a 角减小的方向移动。对于不同的主电路，所需要的脉冲初始相位角并不一样，三相全控桥式调压柜带电阻性负载时，其触发角 α 移向范围应为 0～120°，所以需要调节偏置电压使脉冲的初始位置在 α=120°或更大的位置上，此时主电路的输出电压应为 0。调节电位器 W4 即改变 Up 的值，当三相全控桥感性负载时，令 Up=-4.5V（初始角近似 90°）；当三相全控桥为阻性负载时，令 Up=-9.6V（初始角近似 120°），用示波器观察，应有输出脉冲。对于实际系统，最简单的办法是在给定为 0 的情况下，利用万用表监测整流装置的输出电压，首先增大 Up，直至整流装置有电压输出，然后减小 Up，使直流装置电压输出恰好为 0，此时的脉冲位置即为初始相位角位置。

（8）主电路输出直流电压波形调整。

缓慢增加给定电压 Ug，此时脉冲应该向 a 角减小的方向移动，主电路直流输出电压会缓慢上升。当增加 Ug 到一定电压值时，a 角应该等于 0°，此时所有的可控硅全部完全导通，相当于 6 个二极管整流，输出直流电压应该在 300V 左右，使用示波器观察主电路输出直流电压，应该波形完整，无缺相现象。如果给定电压达到最大，输出直流电压还是达不到最大输出值，应该检测 Ug 的幅值是否足够、Up 的幅值是否合理、锯齿波的斜率是否太小、与 Uk 和 Up 相连的电阻阻值是否改变等。

如果通过以上检测系统正常，系统的开环调试工作就已经完成了，可以断开 KA、KM1、KM2，准备进行下一项工作。

3. 系统闭环电路调试步骤

（1）调试前的检查。

根据电气图纸检查主电路各部件及控制电路各部件间的连线是否正确、线圈标号是否符合图纸要求、连接点是否牢固、焊接点是否虚焊、连接导线规格是否符合要求、接插件的接触是否良好等。

（2）继电控制电路的通电调试。

取下各插接板，然后通电，检查继电器的工作状态和控制顺序等，用万用表查验电源是否通过变压器和控制接触头送到了整流电路的输入端。

（3）系统开环调试（带电阻性负载）。

1）控制电源测试：插上电源板，用万用表校验各处电源是否正确，电压值是否符合要求。

2）触发脉冲检测：插入触发板，调节斜率值，使其为 6V 左右。调节初始相位角，在感性负载时初始相位角在 α=90°位置，调节 Up，使得 Ud 在给定最大时能达到 300V，给定为 0 时为 0V。

3）调节板的测试：插上调节板，将调节板处于开环位置。

ASR、ACR 输出限幅值的调整：输出限幅值的依据分别取决于 Ud=f(Uk) 和 Ufi=βId，β 是反馈系数。本系统中，ACR 输出限幅值如下整定：正限幅值，给定最大，调节 W7，使 Ud=270V，取裕量 50V，正限幅值 W7 电压为 5.5V 左右，负限幅值 W7 电压为-3V 左右。ASR 的限幅值由 ASR 的可能输出最大值与电流反馈环节特性 Ufi=βId 的最大值来权衡选取，应取两者中的较小值，正限幅值 W0 电压为 6V 左右，负限幅值为-6V 左右。

给 W3 一个翻转电压，其值也由系统负载决定，一般取 6V 左右。

反馈极性的测定：从 0 逐渐增大到给定电压，Ud 应在 0～300 之间变化，将 Ud 调节到额定电压 220V，用万用表电压挡测量 W2 电位器的中间点（对 L），看其极性是否为正，如为正则正确，将电压值调为最大。断开电源，将电机励磁，电枢接好，测速发电机接好，接通电源，接通主电路，给定回路，缓慢调节给定电位器，增加给定电压，电机从零速逐渐上升，调到某一转速，用万用表电压挡测量电位器 W1 的中间点，看其值是否为负极性，将电压值调为最大。

（4）系统闭环调试（带电机负载）。

1）将调节板 K1 跳线置于闭环位置。

2）接通系统电源，缓慢增加给定电压，由于设计原因，电机转速不会达到额定值。此时，调节 W1 电位器，减小转速反馈系数，使系统达到电机额定转速。此时 Ud=220V 左右。速度环 ASR 调好了。

3）去掉电机励磁，使电机堵转（电机加励磁时转矩很大，不容易堵住）。缓慢调节 W2，使电枢电流为电机额定电流的 1.5～2 倍，本系统调为截流值为 1.8A 左右，电流环调好了。若 Id 已达到规定的最大值还不能被稳住，说明电流负反馈没起作用，这表明电流反馈信号 Ufi 偏小或 ASR 输出限幅值 Ugi 定得太高；还有一种原因可能是由于 ACR 给定回路及反馈回路的输入电阻有差值。出现上述现象后，必须停止调试，重新检查电流反馈环节的工作是否正常、ASR 的限幅值是否合理，重新调整电流反馈环节的反馈系数，使 Ufi 增加，然后再进行调试。

4）过流的整定。电机堵转，将 W4 调为反馈最弱（逆时针转到头），稍微给一点。调节 W2 使电枢电流为电机额定电流的 2～2.5 倍，本系统取 2.5A 左右，调节 W4 使系统保护，Ud=0V，延时后主电路断开，故障灯亮。重复 3）的工作，将系统调为正常值（Id=1.8A）。

4. 系统故障分析

系统的常见故障原因和故障点如表 10-1 所示中，应用时可以参考。

表 10-1　系统的常见故障原因和故障点

序号	故障现象	故障原因
1	KM1 不闭合	U 相电压为 0 KM2 主触头没有闭合 U 相保险及接线断路 QS2 无法闭合及接线断路 KM2 常开闭合不上，KM1 线圈或外接线断路
2	KA 不闭合	电源缺相，11～33 KM2 主触头闭合不上，33～36 SB1 常闭按钮开始，36～110 SB2 起动按钮无法闭合 KM1 常开联锁触头无法闭合 KA 线圈或外部接线开始
3	KA 不能自锁	停止按钮 SB1 无法断开或短路，36～110

续表

序号	故障现象	故障原因
4	KM1 闭合，KA 闭合，并不停地闭合打开	KA 的锁常开或闭合
5	没有输出电压 Ud=0V	断开负载，晶闸管不能导通，电流 Id 没有达到 Ih，可控硅不能导通
6	电路保护启动	断开快熔，缺相保护
7	没有+15V 输出，其他正常	断开 7815 的输入或输出
8	没有-15v 输出，灯不亮	断开 7915
9	相序不正确，电压在小范围内可调波动	改变 Uta、Utb、Utc 的顺序
10	对应该相脉冲没有输出	KC04 损坏
11	开环正常，闭环没有 Uk 输出，Ud=0	断开+15V 或-15V
12	上电，则保护电路工作	断开 W5 的+15V 电源
13	接通电源，电路保护	LM311 损坏
14	没有 Uk 输出	LM324 损坏
15	振荡电路不工作，没有蜂鸣声	断开+15V
16	没有反馈电压，隔离电路不工作	断开 44#或 45#
17	没有反馈电压输出	断开 VD5 或 VD6

五、项目小结

1. 开环控制系统

若系统的输出量不反送到输入端参与控制，输出量 n 与输入量 Ugd 之间在电路上没有任何直接的联系，这样的系统称为开环控制系统。

2. 闭环控制系统

若系统的输出量被反送到输入端参与控制，即输出量 n 与输入量 Ugd 之间通过反馈环节（测速发电机 TG）联系在一起形成闭合回路，称为闭环控制系统，又称为反馈控制系统。

六、知识拓展

1. 直流调速系统的发展过程

直流调速系统的发展过程是一个从简单到复杂、从开环到闭环、从单环到多环、从单向调速到可逆调速的不断丰富完善的过程。不仅存在从单一调速方式向多种调速方式的纵向发展过程，而且每一种调速系统本身也都在发展完善之中。如开环闭环、单闭环、双闭环、三环、有环流可逆调速系统和无环流可逆调速系统都在不断的完善和发展之中。单闭环是转速闭环的一种，根据应用要求不同可以采用电压负反馈、电流补偿等替代措施。有环流可逆调速系统目前有两种，无环流可逆调速系统目前有三种，它们都在不断完善和发展之中。

2. 直流调速系统的发展与其他学科的发展紧密相连

直流调速系统的产生与发展都与其他学科存在紧密联系，例如直流调速系统与神经网络的结合用于智能机内检测，专家控制用于双闭环直流调速。首先它与电机学有紧密的联系，因为对于调速来说，电机是控制对象，对控制对象的研究越深入控制效果才会越好。其次与半导体变流技术的发展密不可分，电力电子器件的性能越好可供选择的种类越多，调速系统的性能才会越好。微型计算机的发展，尤其是微控制器的发展为直流调速系统的进一步发展插上了翅膀。正如现场总线 PROFIBUS 在现场中对直流调速系统的网络控制，微控制器在这里的应用，改变了控制系统的结构，改变了传感元件的检测技术，并且使各种先进控制算法得以实现。任何设计都不是终极设计，都在随着其他科技的发展而不断完善。

七、思考与练习

1. 如何区分开环控制系统和闭环控制系统？
2. 简述开环控制系统的工作原理。
3. 简述闭环控制系统的工作原理。
4. 简述开环控制系统的调试步骤。
5. 简述闭环控制系统的调试步骤。
6. 若直流调速柜中没有反馈电压输出，试分析故障原因。

模块二　交流调速控制系统

项目十一　交流调速技术

随着电力电子技术、微处理器技术的迅速发展，作为现代工业中的动力装置的异步电动机控制技术也快速发展起来，交流调速取代直流调速和计算机数字控制技术取代模拟控制技术已成为发展趋势。电机交流变频调速技术是当今节约能源、改善工艺流程以提高产品质量和推动技术进步的一种主要手段。变频调速以其优异的调速和起制动性能，高效率、高功率因数和节电效果，广泛的适用范围及其他许多优点而被国内外公认为最有发展前途的调速方式。

学习知识要点

1. 了解交流调速技术的概念和国内外发展现状。
2. 掌握交流调速系统的组成和工作原理。

职业技能要点

1. 熟练掌握交流调速方法。
2. 掌握交流调速装置的日常维护和故障排除方法。

一、项目描述

从电力拖动的发展过程来看，交、直流两大调速系统一直并存于各个工业领域，虽然由于各个时期科学技术的发展使得它们所处的地位有所不同，但它们始终是随着工业技术的发展，特别是随着电力电子器件的发展而在相互竞争。随着电力电子器件单片机的迅速发展，以及现代控制理论向交流电气传动领域的渗透，为交流调速系统的开发研究进一步创造了有利条件。

二、项目资讯

1. 电力电子器件的发展推动交流调速装置的发展

电力电子器件是现代交流调速装置的核心，迄今为止，电力电子器件的发展经历了分立换流关断器件（第一代）、自关断器件（第二代）、功率集成电路 PIC（第三代）、智能模块 IPM（第四代）四个阶段，尤其是集成电路技术的发展大大促进了器件的小型化和功能化，为发展高频电力电子技术提供了条件，推动交流调速装置朝着智能化、高频化的方向发展。

2. 单片机技术的数字化控制

随着单片机和以数字信号处理器 DSP 为控制核心的微机控制技术的迅速发展，交流调速系统的控制回路由模拟控制走向数字控制。当今模拟控制器也已经被淘汰，全数字化的交流调速系统已普遍得到应用。数字化使得控制器对信息的处理能力大幅提高，许多难以实现的复杂控制，如矢量控制中的复杂坐标变换运算、解耦控制、滑模变结构控制等，因采用微机控制技术后都得到了解决。同时，微机控制技术又给交流调速系统增加了多方面的功能，特别是故障诊断技术得到了完全实现。微机控制技术的应用提高了交流调速系统的可靠性和操作与设置的多样性和灵活性，大大降低了调速系统装置的成本和体积。

3. 脉宽调制（PWM）技术优化了变频装置的性能

脉宽调制（PWM）技术是电力电子技术中应用最广泛的控制方式，优点是从处理器到被控系统信号都是数字形式的，无需进行数模转换，让信号保持为数字形式，可将噪声影响降到最小。PWM技术的应用克服了相控原理的所有弊端，使交流电动机定子得到了接近正弦波的电压和电流，提高了电动机的功率因数和输出功率。

三、相关知识

1. 交流调速方法

单相电动机一般有两种不同的起动方式：采用起动电容移相起动和采用整流子换向起动，采用这种启动方式的电机一般是四极（两对磁极）异步电动机，转速公式为：

$$n=60f/p$$

其中 f 为电网频率，p 为电机磁极对数。

异步电动机所谓异步，是指定子旋转磁场转速和转子转速不同。定子旋转磁场的转速和电网频率严格对应称为同步转速，所以转差率就是定子旋转磁场转速与转子转速之差再除以定子旋转磁场转速（同步转速）。对于异步机，电机学没有像直流机那样利用理想空载转速和转速降来表达转速，转速的刻化是借助了同步转速 n_1 和转差率 S。然而作为电动机的一种，异步机转速事实上同样是由理想空载转速 n_0 和转速降 Δn 构成的，这是由电动机机械特性的普遍规律所决定的，也是电动机转速的普遍表达形式。

$$S=(n_1-n)/n_1$$

式中，n_1 为同步转速，n 为电动机转速。

原理：定子绕组通入三相交流电产生旋转磁场，旋转磁场切割转子导体产生感应电动势，感应电动势在导体内产生电流，转子电流与定子磁场相互作用产生电磁力，带动转子旋转，这个旋转的方向与定子的旋转磁场的方向一致。无外力影响的情况下，转子旋转的速度低于定子磁场旋转的速度。定子磁场旋转的速度与转子旋转的速度之差与定子磁场的旋转速度之比就是转差率。

在实际使用中，往往要改变异步电动机的转速，即调速，三相交流异步电动机转速公式为：

$$n=\frac{60f}{p}(1-S)$$

式中，n 为电动机的转速（r/min），P 为电动机极对数，f 为供电电源频率（Hz），S 为异步电动机的转差率。

由转速公式可知，通过改变定子电压频率 f、极对数 p 和转差率 S 都可以实现交流异步电动机的速度调节，具体可以归纳为变极调速、变转差率调速和变频调速三大类，而变转差率调速又包括调压调速、转子串电阻调速、串级调速等，它们都属于转差功率消耗型调速方法。

（1）变极调速。

变换异步电动机绕组极数从而改变同步转速进行调速的方式称为变极调速。其转速只能按阶跃方式变化，不能连续变化。变极调速的基本原理是：如果电网频率不变，电动机的同步转速与它的极对数成反比。因此，变更电动机绕组的接线方式，使其在不同的极对数下运行，其同步转速便会随之改变。异步电动机的极对数是由定子绕组的连接方式决定的，这样就可以通过改换定子绕组的连接来改变异步电动机的极对数。变更极对数的调速方法一般仅适用于笼型异步电动机。双速电动机、三速电动机是变极调速中最常用的两种形式。

下面以变极调速在双速电动机控制线路中的应用为例进行介绍。

1）定子绕组连接方式。

双速电动机定子绕组的连接方式有两种：一种是绕组从三角形改成双星形，如图 11-1（a）所示的连接方式转换成如图 11-1（c）所示的连接方式；另一种是绕组从单星形改成双星形，如图 11-1（b）所示的连接方式转换成如图 11-1（c）所示的连接方式，这两种接法都能使电动机产生的磁极对数减少一半即电动机的转速提高一倍。

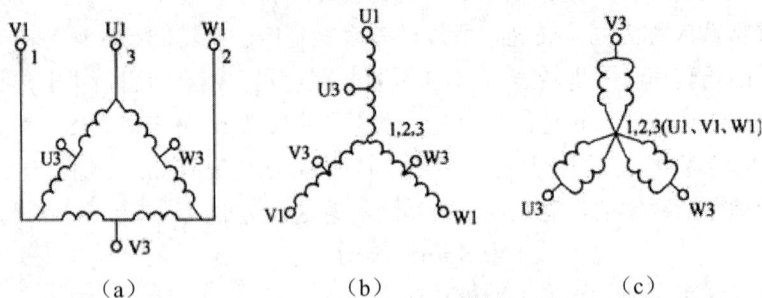

图 11-1　双速电动机定子绕组接线图

2）线路工作原理分析。

图 11-2 所示是双速电动机三角形变双星形的控制原理图，当按下起动按钮 SB2 时，主电路接触器 KM1 的主触头闭合，电动机三角形连接，电动机以低速运转；同时 KA 的常开触头闭合使时间继电器线圈带电，经过一段时间（时间继电器的整定时间），KM1 的主触头断开，KM2、KM3 的主触头闭合，电动机的定子绕组由三角形变双星形，电动机以高速运转。

变极调速的优点是设备简单、运行可靠，既可适用于恒转矩调速（Y/YY），也可适用于近似恒功率调速（△/YY）；缺点是转速只能成倍变化，为有极调速。Y/YY 变极调速应用于起重电葫芦、运输传送带等，△/YY 变极调速应用于各种机床的粗加工和精加工。

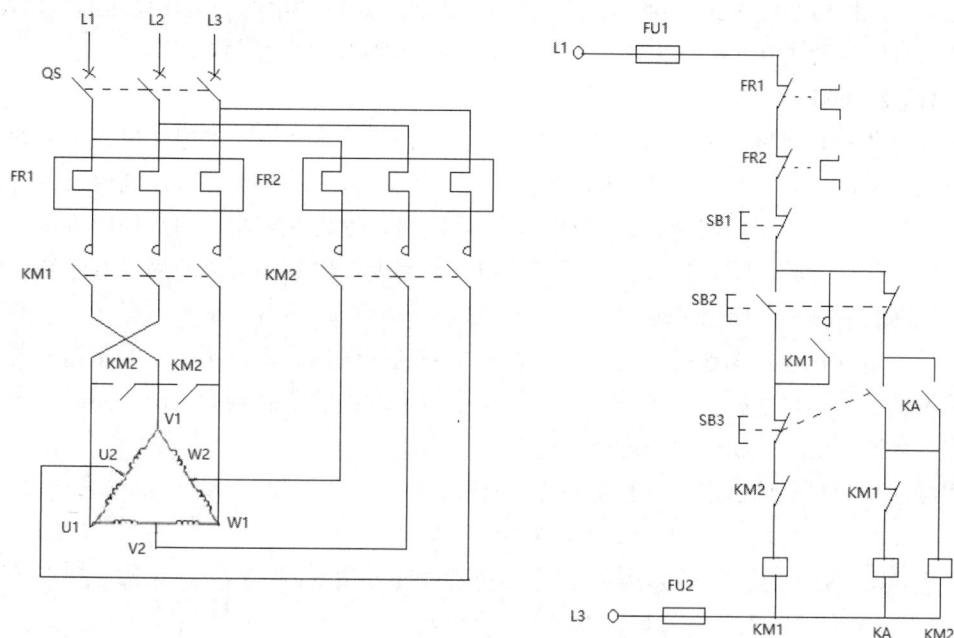

图 11-2 双速电动机控制原理图

（2）变转差率调速。

1）变压调速。

变压调速是异步电动机调速系统中比较简便的一种。由电气传动原理可知，当异步电动机的等效电路参数不变时，在相同的转速下，电磁转矩与定子电压的二次方成正比，因此改变定子外加电压就可以改变机械特性的函数关系，从而改变电动机在一定输出转矩下的转速。调压调速目前主要采用晶闸管交流调压器变压调速，是通过调整晶闸管的触发角来改变异步电动机端电压进行调速的一种方式。这种调速方式调速过程中的转差功率损耗在转子里或其外接电阻上效率较低，仅用于小容量电动机。

2）转子串电阻调速。

转子串电阻调速是在绕线转子异步电动机转子外电路上接入可变电阻，通过对可变电阻的调节改变电动机机械特性斜率来实现调速的一种方式。电动机转速可以按阶跃方式变化，即有级调速。其结构简单、价格便宜，但转差功率损耗在电阻上，效率随转差率增加等比下降，故这种方法目前一般不被采用。

3）串级调速。

绕线转子异步电动机的转子绕组能通过集电环与外部电气设备相连接，可在其转子侧引入控制变量如附加电动势进行调速。前述的在绕线转子异步电动机的转子回路串入不同数值的可调电阻，从而获得电动机的不同机械特性，以实现转速调节就是基于这一原理的一种方法。

电气串级调速的基本原理是在绕线转子异步电动机转子侧通过二极管或晶闸管整流桥

将转差频率交流电变为直流电，再经可控逆变器获得可调的直流电压作为调速所需的附加直流电动势，将转差功率变换为机械能加以利用或使其反馈回电源而进行调速的一种方式。这是一种节能型调速方式，在大功率风机、泵类等传动电动机上得到应用。

（3）变频调速。

变频调速是利用电动机的同步转速随频率变化的特性，通过改变电动机的供电频率进行调速的方法。在异步电动机诸多的调速方法中，变频调速的性能最好，调速范围广、效率高、稳定性好。采用通用变频器对笼型异步电动机进行调速控制，由于使用方便、可靠性高、经济效益显著，所以逐步得到推广应用。通用变频器是指可以应用于普通异步电动机调速控制的变频器，通用性很强。

对异步电动机进行调速控制时，电动机的主磁通应保持额定值不变。若磁通太弱，铁心利用不充分，同样的转子电流下，电磁转矩小，电动机的负载能力下降；而磁通太强，铁心发热，波形变坏。如何实现磁通不变呢？

根据三相异步电动机定子每相电动势的有效值：

$$E1=4.44f1N1\Phi$$

式中，$E1$ 为定子每相由气隙磁通感应的电动势的方均根值（V），$f1$ 为定子频率（Hz），$N1$ 为定子绕组有效匝数，Φ 为每极磁通量（Wb）。

如果不计定子阻抗压降，则：

$$U1\approx E1=4.44f1N1\Phi$$

若端电压 $U1$ 不变，则随着 $f1$ 的升高，气隙磁通 Φ 将减小，又从转矩公式：

$$T=CM\Phi I2COS\phi2$$

可以看出，磁通 Φ 的减小势必导致电动机允许输出转矩 T 的下降，降低电动机的出力。同时，电动机的最大转矩也将降低，严重时会使电动机堵转；若维持端电压 $U1$ 不变而减小 $f1$，则气隙磁通 Φ 将增加。这就会使磁路饱和、励磁电流上升，导致铁损急剧增加，这也是不允许的。因此在许多场合，要求在调频的同时改变定子电压 $U1$ 以维持 Φ 接近不变。

1）基频以下的恒磁通变频调速。

为了保持电动机的负载能力，应保持气隙主磁通 Φ 不变，这就要求降低供电频率的同时降低感应电动势，保持 $E1/f1$＝常数，即保持电动势与频率之比为常数进行控制，这种控制又称为恒磁通变频调速，属于恒转矩调速方式。由于 $E1$ 难以直接检测和直接控制，可以近似地保持定子电压 $U1$ 和频率 $f1$ 的比值为常数，即认为 $E1\approx U1$，保持 $U1/f1$＝常数。这就是恒压频比控制方式，是近似的恒磁通控制。

2）基频以上的弱磁变频调速。

这是考虑由基频开始向上调速的情况。频率由额定值向上增大时，电压 $U1$ 由于受额定电压 $U1N$ 的限制不能再升高，只能保持 $U1=U1N$ 不变，这样必然会使主磁通随着 $f1$ 的上升而减小，相当于直流电动机弱磁调速的情况，即近似的恒功率调速方式。

由上面的讨论可知，异步电动机的变频调速必须按照一定的规律同时改变其定子电压和频率，基于这种原理构成的变频器即所谓的 VVVF（Variable Voltage Variable Freqency）调速控制，这也是通用变频器（VVVF）的基本原理。根据 $U1$ 和 $f1$ 的不同比例关系，将有不同的变频调速方式。保持 U1/f1 为常数的比例控制方式适用于调速范围不太大或转矩随转速下降而减小的负载，如风机、水泵等；保持 T 为常数的恒磁通控制方式适用于调速范围较大的恒转矩性质的负载，如升降机械、搅拌机、传送带等；保持 p 为常数的恒功率控制方式适用于负载随转速的增高而变轻的地方，如主轴传动、卷绕机等。

　　2．发展方向

　　经过 40 多年的发展，电力电子器件进入到高电压、大容量化、高频化、组件模块化、微小型化、智能化和低成本化阶段，多种适宜变频器调速的新型电动机正在开发研制之中，IT 技术的迅猛发展以及控制理论的不断创新都将影响变频器的发展趋势。

　　（1）网络智能化。

　　智能化的变频器安装到系统上后，不必进行过多的功能设定就可以方便地操作使用，有明显的工作状态显示，而且能够实现故障诊断与故障排除，甚至可以进行部件自动转换。利用互联网可以进行遥控监视，实现多台变频器按工艺程序联动，形成最优化的变频器综合管理控制系统。

　　（2）专门化。

　　根据某一类负载的特性有针对性地制造专门化的变频器，这不但利于对负载的电动机进行经济有效的控制，而且可以降低制造成本。例如风机和水泵专用变频器、超重机械专用变频器、电梯控制专用变频器、张力控制专用变频器和空调专用变频器等。

　　（3）U/f。

　　变频器将相关的功能部件（如参数辨识系统、PID 调节器、PIC 和通信单元等）有选择性地集成到内部组成一体化机不仅使功能增强、系统可靠性增加，而且可有效缩小系统体积、减少外部电路的连接。现在已经研制出变频器和电动机的一体化组合机，从而使整个系统体积更小，控制更方便。

　　总之，变频器技术的发展趋势是朝着智能化、操作简便、功能健全、安全可靠、环保低噪、低成本和小型化方向发展。

四、项目实施

　　1．项目准备

HYX-2 型交流实训装置 8 台，分小组进行，每组 4 人；万用表每组一个；十字螺钉旋具、一字螺钉旋具每组各一把；其他电工维修工具每组各一套。

　　（1）项目实施目的。

　　1）掌握 HYX-2 型交流实训装置的结构和工作原理。

　　2）掌握 HYX-2 型交流实训装置的调试步骤。

　　（2）项目实施步骤。

　　1）HYX-2 型交流实训装置电气资料的准备。

　　2）读懂 HYX-2 型交流实训装置的电气原理图和接线图，RTDL-4 型交流实验台如图 11-3 所示。

3）根据调试步骤进行调试训练。

图 11-3 RTDL-4 型交流实验台

2. HYX-2 型交流实训装置调试步骤

（1）合上三相断路器后观察三相异步电动机（380V/370W）能否正常运转，如果不转，查找原因。

（2）设置 440 变频器参数实现数字量控制三段速并进行调试。

（3）设置 440 变频器参数实现数字量控制四段速控制并进行调试。

小提醒

①三相电动机不转。

如图 11-4 所示为三相异步电动机实物图，三相电动机不转一般先从电源查起，检查接触器是否吸合、热继电器是否动作、控制电路是否正常，如果三相电已经送到电动机的接线端子，那就检查一下电动机绕组是否良好。

图 11-4 三相异步电动机实物图

②系统中的变频器发热。

这是由其内部的损耗而产生的，以主电路为主，约占 98%，控制电路占 2%。为保证变频器正常可靠运行，必须对变频器进行散热，主要方法有以下两种：

● 采用风扇散热：变频器内安装风扇可将变频器箱体内部的热带走。

● 环境温度：变频器是电子装置，内含电子元件和电解电容等，所以温度对其寿命影响较大。通用变频器的环境运行温度一般要求在-10℃～50℃之间。如果能降低变频器运行温度，就延长了变频器的使用寿命，性能也稳定。

③交流电动机调速方法与直流电动机调速方法异同。

交流电动机调速方法与直流电动机调速方法刚好相反。交流电动机结构简单、惯量小、维护方便，可在恶劣环境中运行，容易实现大容量化、高压化、高速化，而且价格低廉。从节能的角度看，交流电动机的调速装置可以分为高效调速装置和低效调速装置两大类。高效调速装置的特点是：调速时基本保持额定转差，不增加转差损耗，也可以将转差功率回馈至电网。低效调速装置的特点是：调速时改变转差，增加转差损耗。高效调速方法包括：改变极对数调速—鼠笼式电机、变频调速—鼠笼式电机、串级调速—绕线式电机、换向器电机调速—同步电机，低效调速方法包括定子调压调速—鼠笼式电机、电磁滑差离合器调速—鼠笼式电机、转子串电阻调速—绕线式电机。

3. HYX-2 型交流实训装置故障分析

HYX-2 型交流实训装置的常见故障原因和故障点如表 11-1 所示，应用时可以参考。

表 11-1　HYX-2 型交流实训装置的常见故障原因和故障点分析

序号	故障现象	故障点
1	HYX-2 型交流实训装置不工作	无电压输入或起动按钮坏了
2	输入到电动机的交流电不是标准的正弦波	减小定子和转子电阻
3	电流中存在高次谐波	增加电动机的电感
4	变频电动机的主磁路呈饱和状态	降低变频器输出电压
5	变频器发热	风扇散热

五、项目小结

（1）单相电机转速公式。

$n=60f/p$，其中 f 为电网频率，p 为电机磁极对数。

（2）异步。

异步电动机所谓异步，是指定子旋转磁场转速和转子转速不同。

（3）同步转速。

定子旋转磁场的转速和电网频率严格对应称为同步转速。

（4）转差率。

转差率就是定子旋转磁场转速与转子转速之差再除以定子旋转磁场转速（同步转速）。

$$S=(n1-n)/n1$$

（5）交流电动机转速公式：

$$n=\frac{60f}{p}(1-S)$$

（6）调速方法。

通过改变定子电压频率 f1、极对数 p 和转差率 S 都可以实现交流异步电动机的速度调节。

（7）HYX-2 型交流实训装置调试步骤。

1）合上三相断路器后观察三相异步电动机（380V/370W）能否正常运转，如果不转，查找原因。

2）设置 440 变频器参数实现数字量控制三段速控制并进行调试。

3）设置 440 变频器参数实现数字量控制四段速控制并进行调试。

（8）HYX-2 型交流实训装置故障分析。

序号	故障现象	故障点
1	HYX-2 型交流实训装置不工作	无电压输入或起动按钮坏了
2	输入到电动机的交流电不是标准的正弦波	减小定子和转子电阻
3	电流中存在高次谐波	增加电动机的电感
4	变频电动机的主磁路成饱和状态	降低变频器输出电压
5	变频器发热	风扇散热

六、思考与练习

1. 电力电子器件的发展经历了哪几个阶段？

2. 脉宽调制（PWM）技术的优点是什么？

3. 单相电动机的起动方式有哪些？

4. 什么是电动机异步控制？

5. 简述同步转速的概念。

6. 转差率的定义是什么？

7. 简述交流电动机的调速方法。

项目十二　MM440 变频器概述

变频器是将固定频率的交流电变换为频率连续可调的交流电的装置。变频器技术随着微电技术、电力电子技术、计算机技术和自动控制理论等的不断发展而发展，其应用也越来越普遍。

学习知识要点

1. 了解接线端子的标准设置。

2. 掌握 MicroMaster 440 的调试方法。

职业技能要点

1. 用基本操作板进行调试。

2. 基本操作板的维护。

任务 1　接线端子的标准设置

一、任务描述

接线端子是为了实现导线的电气连接而产生的，它其实就是一段封在绝缘塑料里面的金属片，两端都有孔可以插入导线，有螺丝用于紧固或者松开，比如两根导线，有时需要连接，有时又需要断开，这时就可以用端子把它们连接起来，并且可以随时断开，而不必把它们焊接起来或者缠绕在一起，非常方便快捷。

二、任务资讯

接线端子可以分为 WUK 接线端子、欧式接线端子系列、插拔式接线端子系列、建筑物布线端子、栅栏式接线端子系列、弹簧式接线端子系列、轨道式接线端子系列、穿墙式接线端子系列、光电耦合型等。

WUK 接线端子利用现有轨道式接线端子 WUK 连接技术，并加装了电子元器件组成的电路，实现了光电过程的传输耦合。欧式端子由两部分（公座与母座）插拔连接而成，一部分将线压紧，然后插到另一部分，这部分再焊接到 PCB 板上。这种接线设计采用升降筒式原理或升高底部机械原理，此防振设计确保了产品长期的气密性和成品的可靠性。栅栏式能够实现安全、可靠、有效的连接，特别是在大电流、高电压的使用环境中应用比较广泛。弹簧式是利用弹簧性装置的新型接线端子，已广泛应用于电子工程中，如照明、电梯升降控制、仪器仪表、电源、化学和汽车动力等。轨道安装式采用了可靠的螺纹连接技术、电子熔断技术和最新的电连接技术，广泛用于电力电子、通信、电气控制和电源等领域。H 型穿墙式采用螺钉连接线技术，绝缘材料为 PA66（阻燃等级：UL94，V-0），连接器采用优质的高导电金属材料。H型穿墙式接线端子可并排安装在1～10mm等厚度的面板上，可自动补偿调整面板厚度的距离，组成任意极数的端子排，而且可以使用隔离板来增加空气间隙和爬电距离。不需要任何工具便可将穿墙式接线端子牢固地安装在面板上的矩形预留孔里，非常方便。

三、任务分析

变频器的种类很多，下面根据不同的分类方法对变频器进行简单介绍，变频器的框图如图12-1所示。

1．按变频的原理分类

（1）交－交变频器。

单向交－交变频器的工作原理如图12-2所示。它只要一个交换环节就可以把恒压恒频（CVCF）的交流电源转换为变压变频（VVVF）的电源，因此称为直接变频器，也称为交－交变频器。

交－交变频器输出的每一相都是由一个两组晶闸管交流电路构成，两组交流电路接在同一交流电源上。两组交流电路都是相控电路，正组工作时，负载电流自上而下规定为正向；反组工作时，负载电流自下而上，方向为负。让两组交流电路按一定的频率交替工作，负载就得到该频率的交流电。改变两组交流电路的切换电路频率和交流电路工作时的触发延迟角α就可以改变交流输出电压的幅值。

对于三相负载，需要用三套反并联的可逆电路。平均输出电压的相位依次相差 120°。这样，如果每个整流环节都采用桥式电路，共需要36个晶闸管。交－交变频器虽然在结构上只有一个交换环节，但所用元器件数量多，总设备较为强大，最高输出频率不超过电网频率的1/3～1/2，交－交变频器一般只用于低转速、大容量的调速系统，如轧钢机、球磨机、水泥回转窑等。

（2）交－直－交变频器。

交－直－交变频器又称为间接变频器，主要由整流电路和逆变电路两部分组成。其中，整流电路将工频交流电整流成直流电，逆变电路再将直流电逆变成频率可调节的交流电。

根据变频电源的性质可分为电压型变频和电流型变频。交－直－交变频器的原理框图如图12-3所示。

1）电压型变频器。指在电压型变频器中，整流电路产生的直流电压通过电容进行滤波后供给逆变电路。由于采用大电容滤波，故输出电压的波形比较平直。在理想情况下，它可以看成是一个内阻为 0 的电压源，逆变电路输出的电压为矩形波或阶梯波。电压型变频器多用于不要求正反转或快速加减速的通用变频器中。电压型变频器的基本结构如图 12-4（a）所示。

2）电流型变速器。指当交－直－交变频器的中间直流环节采用大电感滤波时，直流电流波形比较平直，因而电源内阻很大，对负载来说基本上是一个电流源，逆变电路输出的电流为矩形波。电流型变频器适用于频繁可逆运转的变频器和大容量的变频器中。电流型变频器的基本结构如图12-4（b）所示。

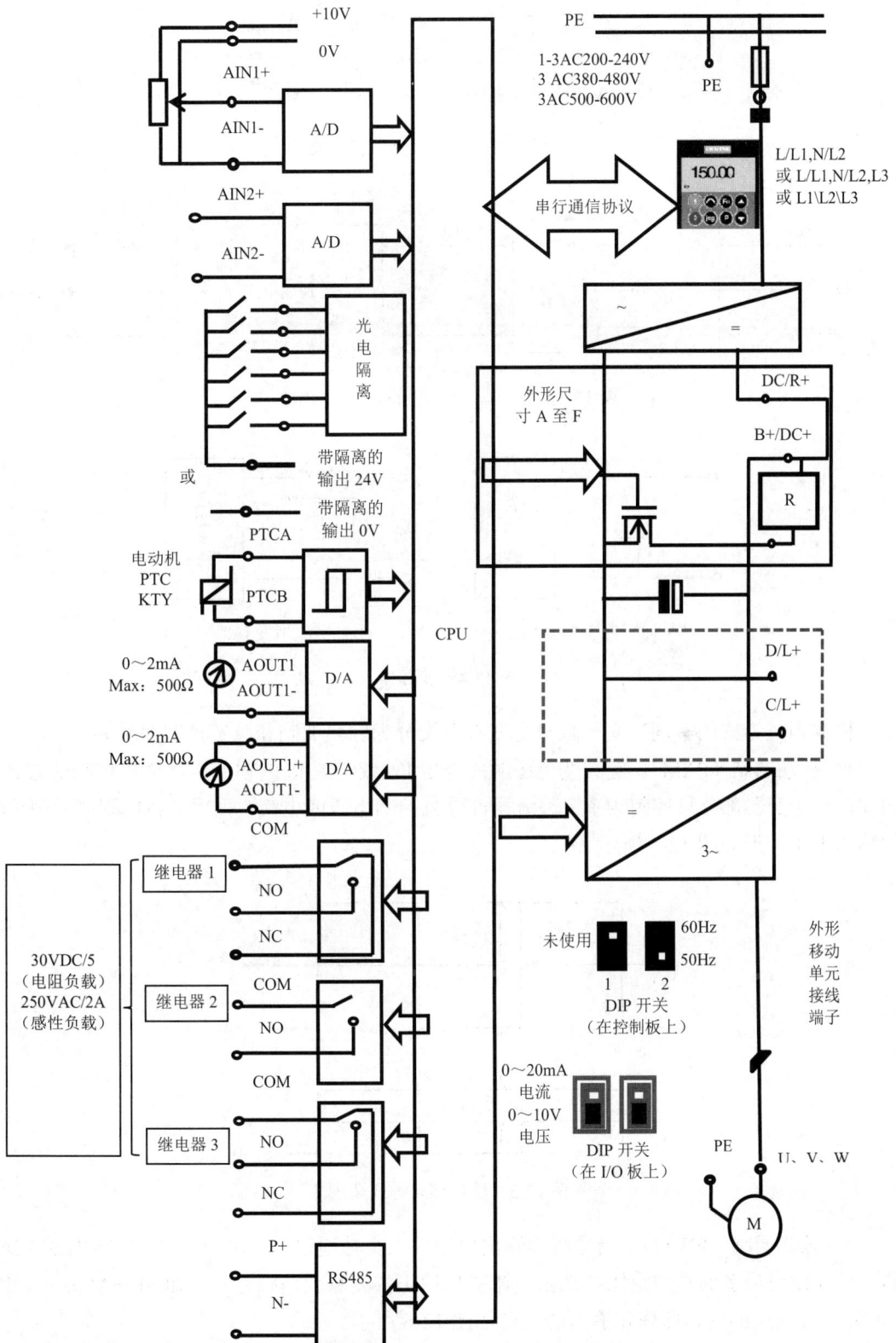

图 12-1　变频器结构框图

图 12-2 交—交变频器

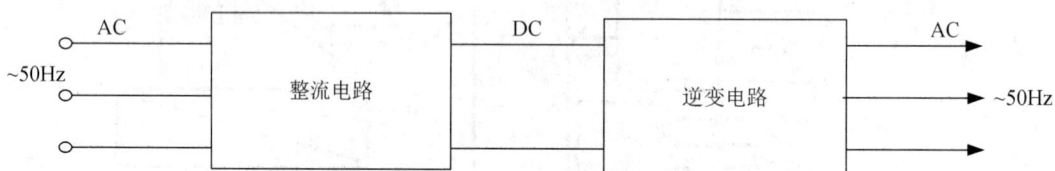

图 12-3 交—直—交变频器的原理框图

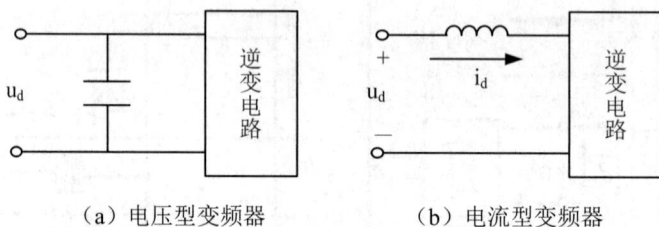

（a）电压型变频器　　　　（b）电流型变频器

图 12-4 变频器

根据调压方式的不同，交—直—交变频器又分为脉幅调制和脉宽调制两种。

1）脉幅调制（PAM）。是改变电压源的电压 Ed 或电流 Id 的幅值进行输出控制的方式。因此，在逆变器部分只控制频率，整流器部分只控制电压或电流。采用 PAM 调压时变频器的输出电压波形如图 12-5 所示。

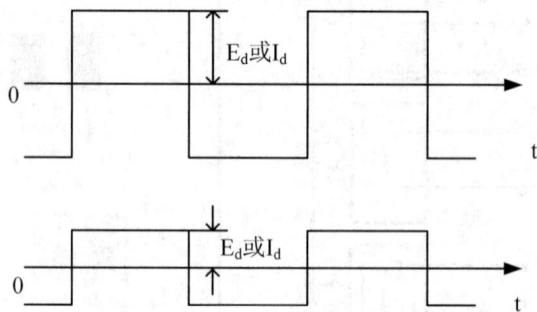

图 12-5 脉幅调制方式调压

2）脉宽调制（PWM）。指变频器输出电压的大小是通过改变输出脉冲的占空比来实现的。目前使用最多的是占空比按正弦规律变化的正弦波脉宽调制方式，即 SPWM 方式。用 PWM 方式调压的调制原理和输出的波形如图 12-6 所示。

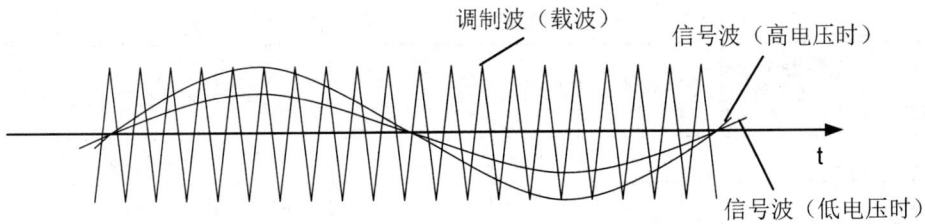

（a）调制原理

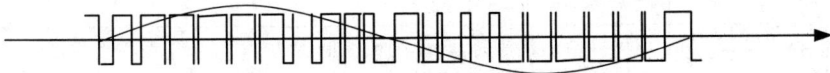

（b）输出电压波形

图 12-6 脉宽调制方式调压

（3）变频器主要特点的比较。

1）电压型、电流型变频器的比较。对于变频调速系统来说，由于异步电动机是感性负载，不论它是处于电动状态还是处于发电制动状态，功率因数都不会等于 1.0，所以在中间直流环节电动机之间总存在无功功率的交换，这种无功能量只能通过直流环节中的储能元件来缓冲，电压型变频器和电流型变频器的主要区别是用什么储能元件来缓冲无功能量。电压型和电流型交－直－交变频器的主要特点如表 12-1 所示。

表 12-1 电压型与电流型交－直－交变频器的主要特点

变频器类型 比较项目	电压型	电流型
直流回路滤波环节 （无功功率缓冲环节）	电容器	电抗器
输出电压波形	矩形波	决定于负载,对异步电动机负载近似为正弦波
输出电流波形	决定于负载的功率因数,有较大的谐波分量	矩形波
输出阻抗	小	大
回馈制动	需要在电源侧设置反并联逆变器	方便,主电路不需要附加设备
调速动态响应	较慢	快
对晶闸管的要求	关断时间要短,对耐压要求一般较低	耐压高,对关断时间无特殊要求
适用范围	多电动机拖动,稳频稳压电源	单电动机拖动,可逆拖动

2）交－交和交－直－交变频器的比较。交－交变频器和交－直－交变频器的特点如表 12-2 所示。

表 12-2　交－直－交变频器与交－交变频器的主要特点

变频器类别 比较项目	交－直－交变频器	交－交变频器
换能形式	两次换能，效率较低	一次换能，效率较高
换流方式	强迫换流或负载谐振换流	电源电压换流
装置元器件数量	较少	较多
调频范围	频率调节范围广	一般情况下，输出最高频率为电网频率的 1/3～1/2
电网功率因数	用可控整流调压时，功率因数在低压时较低；用斩波器或 PWM 方式调压时，功率因数高	较低
适用场合	可用于各种电力拖动装置、稳频稳压电源和不停电电源	特别适用于低速大功率拖动

2. 按变频的控制方式分类

（1）u/f 控制变频器。

u/f 控制即压频比控制。它的基本特点是对变频器输出的电压和频率同时进行控制，通过保持 u/f 恒定使电动机获得所需的转矩特性。基频以下可以实现恒转矩调速，基频以上可以实现恒功率调速。这种方式控制电路成本低，多用于精度要求不高的通用变频器。

（2）SF 控制变频器。

SF 控制即转差频率控制，是在 u/f 控制基础上的一种改进方式。在 u/f 控制的基础下，如果负载变化，转速也会随之变化，转速的变化量与转差率成正比。采用 u/f 控制时，其静态调速精度较差，而采用转差频率控制方式可以提高调速精度。采用转差频率控制方式，变频器通过电动机、速度传感器构成速度反馈闭环调速系统。变频器的输出频率由电动机的实际转速与转差频率之和来自动设定，从而达到在调速控制的同时也使输出转矩得到控制。这种方式属于闭环控制，故与 u/f 控制相比，在调速精度与转矩特性两方面都较好。但是由于这种控制方式需要在电动机轴上安装速度传感器，并需要依据电动机特性调节转差频率，所以通用性较差。

（3）矢量控制（VC）变频器。

矢量控制是 20 世纪 70 年代提出来的对交流电动机的一种新的控制思想和控制技术，也是异步电动机的一种理想调速方法。采用 u/f 和转差频率控制方式的控制思想是建立在异步电动机静态数学模型基础上的，因此这两种方式的动态性能指标不高。而采用矢量控制方式可以大大提高变频调速的动态性能。矢量控制的基本思想是将异步电动机的定子电流分解为产生磁场的电流分量（励磁电流）和与其相垂直的产生转矩的电流分量（转矩电流），并分别加以控制，即模仿直流电动机的控制方式对电动机的磁场和转矩分别进行控制，可以获得类似于直流调速系统的动态性能。由于在这种控制方式中必须同时控制异步电动机定子电流的幅值和相位，即控制定子电流矢量，故这种控制方式被称为 VC。

VC 方式使异步电动机的高性能成为可能。VC 变频器不仅在调速范围上可以与直流电动机相匹敌，而且可以直接控制异步电动机转矩的变化，所以已经在许多需要精密或快速控制的领域得到应用。

3. 按变频器的用途分类

（1）通用变频器。

通用变频器的特点是其通用性。随着变频技术的发展和市场需要的不断扩大，通用变频器也在朝着两个方向发展：一是低成本的简易型通用变频器；二是高性能的多功能通用变频器。

1）简易型通用变频器。它是一种以节能为主要目的且简化了一些系统功能的通用变频器，主要应用于水泵、风扇、鼓风机等对系统调速性能要求不高的场合，并具有体积小、价格低等优势。

2）高性能的多功能通用变频器。就是在设计过程中充分考虑了应用时可能出现的各种需要，并为满足这些需要而在系统软件和硬件方面都做了相应的准备。在使用时，用户可以根据负载特性选择算法并对变频器的各种参数进行设定，也可以根据系统的需要选择厂家所提供的各种备用选件来满足系统的特殊需要。高性能的多功能通用变频器除了可以应用于简易型通用变频器的所有应用领域之外，还可以广泛应用于电梯、数控机床、电动车辆等对调速系统的性能有较高要求的场合。

过去，通用变频器基本上采用的是电路结构比较简单的 u/f 控制方式，与 VC 方式相比，在转矩控制性能方面要差一些。但是，随着变频技术的发展，目前一些厂家已经推出采用 VC 方式的通用变频器，以适应竞争日趋激烈的变频器市场的要求。这种多功能通用变频器可以根据用户需要切换为"u/f 控制运行"或"VC 方式运行"，但价格方面却与 u/f 控制方式的通用变频器持平。因此，可以相信，随着电力电子技术和计算机技术的不断发展，今后变频器的性能价格比还将会不断提高。

（2）专用变频器。

1）高性能专用变频器。随着控制理论、交流调速理论和电力电子技术的发展，异步电动机的 VC 得到发展，VC 变频器及其专用电动机构成的交流伺服系统已经达到并超过了直流伺服系统。此外，由于异步电动机还具有环境适应性强、维护简单等许多直流伺服电动机所不具备的优点，在要求高速、高精度的控制中，这种高性能交流伺服变频器正在逐步代替直流伺服系统。

2）高频变频器。在超精密机械加工中经常要用高速电动机。为了满足其驱动的需要，出现了采用 PAM 控制的高频变频器，其输出主频可达 3kHz，驱动两极异步电动机时的最高转速为 18000r/min。

3）高压变频器。高压变频器一般是大容量的变频器，最高功率可做到 5000kW，电压等级为 3kV、6kV、10kV。

四、任务实施

1. 任务准备

MM440 变频器 8 台，分小组进行，每组 4 人；万用表每组一个；十字螺钉旋具、一字螺钉旋具每组各一把；其他电工维修工具每组各一套。

（1）任务实施目的。

1）掌握 MM440 变频器的结构和工作原理。

2）掌握 MM440 变频器的调试步骤。

3）掌握 MM440 变频器接线端子排除故障的方法。

（2）任务实施步骤。

1）MM440 变频器电气资料的准备。

2）分析 MM440 变频器的电气原理和接线图。

3）认识 MM440 变频器的各电气元件。

4）应用 MM440 变频器的调试步骤进行调试训练。

5）设置接线端子模拟故障，根据故障现象分析故障原因进行排除故障练习。

2. 接线端子调试步骤

（1）模拟输入。

模拟输入 1（AIN1）可以用于：0～10V、0～20mA 和-10V～+10V。

模拟输入 2（AIN2）可以用于：0～10V 和 0～20mA。

模拟输入回路可以另行配置，用于提供两个附加的数字输入（DIN7 和 DIN8），如图 12-7 所示。

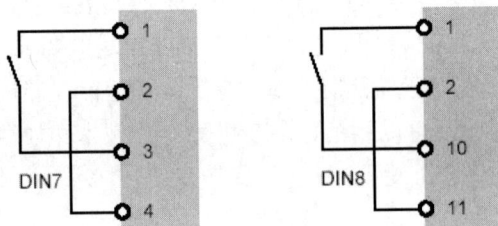

图 12-7　模拟输入作为数字输入时外部线路的连接

（2）数字输入。

当模拟输入作为数字输入时，电压门限值如下：

1.75 V DC = OFF

3.70 V DC = ON

端子 9（24V）在作为数字输入使用时也可用于驱动模拟输入，端子 2 和 28（0V）必须连接在一起。

小提醒

接线端子怎么进行耐压测试？测试端子外壳能否承受规定的暂态或短时工频过电压，在试验期间不得出现闪络或击穿等现象。

3. 接线端子故障分析

接线端子的常见故障原因和故障点如表 12-3 所示，应用时可以参考。

表 12-3　接线端子的常见故障原因和故障点

序号	故障现象	故障点
1	安装时经常发现线芯压接导线送不到位或锁不住	螺牙处有毛刺
2	接线端子压接端不牢	导线线径与压接孔径不匹配
3	接线端子无法插合	尺寸设计不合理
4	接线端子受旋转力的作用下解体	更换接线端子
5	接线端子绝缘电阻不合格	绝缘材料电阻不合格
6	出现闪络或击穿	绝缘不良

五、任务小结

（1）接线端子。

接线端子就是为了实现导线的电气连接而产生的，它其实就是一段封在绝缘塑料里面的金属片，两端都有孔可以插入导线，有螺丝用于紧固或者松开，比如两根导线，有时需要连接，有时又需要断开，这时就可以用端子把它们连接起来，并且可以随时断开，而不必把它们焊接起来或者缠绕在一起，非常方便快捷。

（2）按变频的原理分类。

● 交－交变频器。

● 交－直－交变频器。

（3）按变频的控制方式分类。

● u/f 控制变频器。

● SF 控制变频器。

● 矢量控制（VC）变频器。

（4）按变频的用途分类。

● 通用变频器。

● 专用变频器。

（5）接线端子故障分析。

序号	故障现象	故障点
1	电装时经常发现线芯压接导线送不到位或锁不住	螺牙处有毛刺
2	接线端子压接端不牢	导线线径与压接孔径匹配
3	接线端子无法插合	尺寸设计合理
4	接线端子受旋转力的作用下解体	更换接线端子
5	接线端子绝缘电阻不合格	绝缘材料电阻不合格
6	出现闪络或击穿	绝缘不良

六、思考与练习

1．什么是脉幅调制（PAM）？

2．什么是脉宽调制（PWM）？

3．简述电压型变频器的特点。

4．简述电流型变频器的特点。

5．端子 9（24V）在作为数字输入使用时能否用于驱动模拟输入？

6．变频器按变频的原理分为哪几类？

7．变频器按变频的控制方式分为哪几类？

8．变频器按变频器的用途分为哪几类？

9．简述 u/f 控制变频器的特点。

10．SF 控制变频器有哪些特点？

任务 2　MicroMaster 440 调试方法

一、任务导入

MicroMaster 440 是全新一代可以广泛应用的多功能标准变频器。它采用高性能的矢量控制技术，提供低速高转矩输出和良好的动态特性，同时具备超强的过载能力，以满足广泛的应用场合。创新的 BiCo（内部功能互联）功能有无可比拟的灵活性，主要特点如下：

- 200V～240V±10%，单相/三相，交流，0.12kW～45kW。
- 380V～480V±10%，三相，交流，0.37kW～250kW。
- 矢量控制方式，可构成闭环矢量控制，闭环转矩控制。
- 高过载能力，内置制动单元。
- 三组参数切换功能。

二、任务分析

MicroMaster 440 变频器（简称 MM440 变频器）在标准供货方式时装有状态显示板（SDP，如图 12-8（a）所示），对于很多用户来说，利用 SDP 和制造厂的默认设置值，就可以使变频器成功地投入运行。如果工厂的默认设置值不适合您的设备情况，您可以利用基本操作板（BOP，如图 12-8（b）所示）或高级操作板（AOP，如图 12-8（c）所示）修改参数使之匹配起来。BOP 和 AOP 是作为可选件供货的，您也可以用 PC IBN 工具 Drive Monitor 或 Starter 来调整工厂的设置值，相关的软件在随变频供货的 CD-ROM 中可以找到。

（a）状态显示板（SDP）　　　（b）基本操作板（BOP）　　　（c）高级操作板（AOP）

图 12-8　MM440 变频器选件

三、相关知识

1. 电动机频率设置

MM440 变频器只能用操作板 BOP 或 AOP 进行操作。

如果用 BOP-2 基本操作板进行操作将显示"＿＿＿＿＿"。

电动机频率 50/60Hz 的设置：设置电动机频率的 DIP 开关位于 I/O 板的下面，实物图如图 12-9 所示。

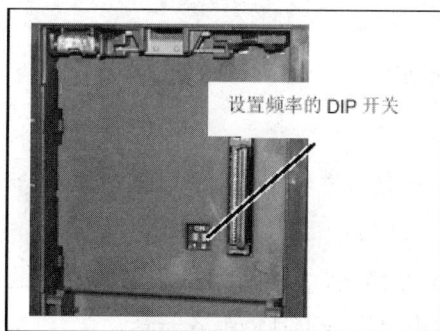

图 12-9　DIP 开关

变频器交货时的设置情况如下：

（1）DIP 开关 2。

OFF 位置：用于欧洲地区（默认值 50Hz kW 等）。

ON 位置：用于北美地区（默认值 60Hz hp 等）。

（2）DIP 开关 1 不供用户使用。

2. 控制功能

（1）线性 u/f 控制、平方 u/f 控制、可编程多点设定 u/f 控制、磁通电流控制、免测速矢量控制、闭环矢量控制、闭环转矩控制、节能控制模式。

（2）标准参数结构、标准调试软件。

（3）数字量输入 6 个、模拟量输入 2 个、模拟量输出 2 个、继电器输出 3 个。

（4）独立 I/O 端子板，方便维护。

（5）采用 BiCo 技术，实现 I/O 端口自由连接。

（6）内置 PID 控制器，参数自整定。

（7）集成 RS485 通信接口，可选 PROFIBUS-DP/Device-Net 通信模块。

（8）具有 15 个固定频率、4 个跳转频率，可编程。

（9）过载能力为 200%额定负载电流（持续时间 3s）和 150%额定负载电流（持续时间 60s）。

（10）过电压、欠电压保护。

（11）变频器、电机过热保护。

（12）接地故障保护、短路保护。

（13）闭锁电动机保护、防止失速保护。

（14）可实现主/从控制及力矩控制方式。

（15）在电源消失或故障时具有"自动再起动"功能。

（16）灵活的斜坡函数发生器，带有起始段和结束段的平滑特性。

（17）快速电流限制（FCL），防止运行中不应有的跳闸。

（18）有直流制动和复合制动方式，提高制动性能。

3. 保护功能

采用 PIN 编号实现参数联锁。

四、任务实施

1. 任务准备

MM440 变频器 8 台，分小组进行，每组 4 人；万用表每组一个；十字螺钉旋具、一字螺钉旋具每组各一把；其他电工维修工具每组各一套。

（1）任务实施目的。

1）掌握 MM440 变频器电路的组成和工作原理。

2）掌握 MM440 变频器的调试步骤。

（2）任务实施步骤。

1）收集整理 MM440 变频器电气资料的准备。

2）读懂 MM440 变频器的电气原理图和接线图。

3）应用 MM440 变频器的调试步骤进行调试训练。

4）设置模拟故障，应用 MM440 变频器的故障检修方法进行排除故障练习。

2. MM440 变频器调试步骤

（1）用状态显示板（SDP）进行调试。

状态显示板（SDP）如图 12-10 所示，SDP 上有两个 LED 指示灯，用于指示变频器的运行状态，采用 SDP 进行操作时，变频器的预设值必须与电动机的数据兼容，包括电动机额定功率、电动机电压、电动机额定电流、电动机额定频率（建议采用西门子的标准电动机）。

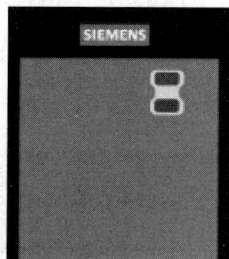

图 12-10 状态显示板（SDP）

此外，必须满足以下条件：

● 按照线性 u/f 控制特性，由模拟电位计控制电动机速度。

● 频率为 50Hz 时最大速度为 3000r/min（60Hz 时约为 3600r/min），可以通过变频器的模拟输入端用电位计控制。

● 斜坡上升时间/斜坡下降时间=10s。

用 SDP 进行操作的默认设置如表 12-4 所示。

表 12-4 用 SDP 进行操作的默认设置

数字输入	端子号	参数的设置值	默认操作
数字输入 1	5	P0701="1"	ON，正向运行
数字输入 2	6	P0702="12"	反向运行
数字输入 3	7	P0703="9"	故障确认
数字输入 4	8	P0704="15"	固定频率
数字输入 5	16	P0705="15"	固定频率
数字输入 6	17	P0706="15"	固定频率
数字输入 7	经由 AIN1	P0707="0"	不激活
数字输入 8	经由 AIN2	P0708="0"	不激活

使用变频器上装设的 SDP 可以进行以下操作：

● 起动和停止电动机（数字输入 DIN1 由外接开关控制）。

● 电动机反向（数字输入 DIN2 由外接开关控制）。

● 故障复位（数字输入 DIN3 由外接开关控制），接线图如图 12-11 所示。

（2）用 BOP 或 AOP 进行调试。

1）机械和电气安装已经完成。

2）设置电动机频率，DIP 开关 2：OFF=50Hz/ON=60 Hz。

3）接通电源，快速调试 P0010=1。

4）通过 P0004 和 P0003 进行调试。

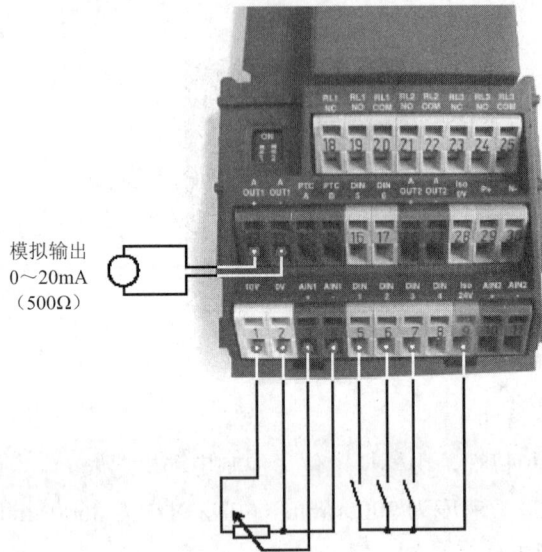

图 12-11　用 SDP 进行基本操作

小提醒

如果 MM440 变频器安装的是 SDP 面板，则报警信号是通过两个 LED 绿灯和黄灯显示出来的。MM440 的绿灯和黄灯的闪烁情况不同，其代表的具体含义也不同，现说明如下：

- 两个 LED 灯以 1s 的频率同时闪光，代表电流极限报警。
- 两个 LED 灯以 1s 的频率交替闪光，代表存在其他报警。
- 两个 LED 灯以 0.3s 的频率同时闪光，代表变频器 ROM 故障。
- 两个 LED 灯以 0.3s 的频率交替闪光，代表变频器 RAM 故障。
- 绿灯以 1s 的频率闪烁，黄灯以 0.3s 的频率闪烁，代表欠电压跳闸/欠电压报警。
- 绿灯以 0.3s 的频率闪烁，黄灯以 1s 频率闪烁，代表变频器不在准备状态。

3. MM440 故障分析

MM440 的常见故障原因和故障点如表 12-5 所示，应用时可以参考。

表 12-5　MM440 的常见故障原因和故障点

序号	故障现象	故障点
1	两个 LED 灯以 1s 的频率同时闪光	电流极限报警
2	两个 LED 灯以 1s 的频率交替闪光	其他报警
3	两个 LED 灯以 0.3s 的频率同时闪光	变频器 ROM 故障
4	两个 LED 灯以 0.3s 的频率交替闪光	变频器 RAM 故障
5	绿灯以 1s 的频率闪烁，黄灯以 0.3s 的频率闪烁	欠电压跳闸/欠电压报警
6	绿灯以 0.3s 的频率闪烁，黄灯以 1s 的频率闪烁	变频器不在准备状态

五、任务小结

1. 状态显示板（SDP）

MM440 变频器在标准供货方式时装有状态显示板（SDP），对于很多用户来说，利用 SDP 和制造厂的默认设置值就可以使变频器成功地投入运行。

2. 基本操作板（BOP）和高级操作板（AOP）

如果工厂的默认设置值不适合您的设备情况，您可以利用基本操作板（BOP）或高级操作板（AOP）。

3. MM440 变频器调试步骤

（1）用状态显示板（SDP）进行调试。

状态显示板 SDP 上有两个 LED 指示灯，用于指示变频器的运行状态，采用 SDP 进行操作时，变频器的预设值必须与电动机的数据兼容，包括电动机额定功率、电动机电压、电动机额定电流、电动机额定频率（建议采用西门子的标准电动机）。

使用变频器上装设的 SDP 可以进行以下操作：

- 起动和停止电动机（数字输入 DIN1 由外接开关控制）。
- 电动机反向（数字输入 DIN2 由外接开关控制）。
- 故障复位（数字输入 DIN3 由外接开关控制）。

（2）用 BOP 或 AOP 进行调试。

1）机械和电气安装已经完成。

2）设置电动机频率，DIP 开关 2：OFF=50Hz/ON=60Hz。

3）接通电源，快速调试 P0010=1。

4）通过 P0004 和 P0003 进行调试。

4. MM440 故障分析

序号	故障现象	故障点
1	两个 LED 灯以 1s 的频率同时闪光	电流极限报警
2	两个 LED 灯以 1s 的频率交替闪光	其他报警
3	两个 LED 灯以 0.3s 的频率同时闪光	变频器 ROM 故障
4	两个 LED 灯以 0.3s 的频率交替闪光	变频器 RAM 故障
5	绿灯以 1s 的频率闪烁，黄灯以 0.3s 的频率闪烁	欠电压跳闸/欠电压报警
6	绿灯以 0.3s 的频率闪烁，黄灯以 1s 的频率闪烁	变频器不在准备状态

六、思考与练习

1. 试将电动机频率设置为 50/60Hz。

2. 变频器交货时的设置情况有哪些？

3. 采用 SDP 操作，变频器预设值必须与电动机的哪些参数兼容？

4. 电流极限报警时两个 LED 灯如何变化？

5. 变频器 ROM 故障时两个 LED 灯如何变化？

6. 变频器 RAM 故障时两个 LED 灯如何变化？

7. 欠电压跳闸时两个 LED 灯如何变化？

8. 欠电压报警时两个 LED 灯如何变化？

9. 变频器不在准备状态时两个 LED 灯如何变化？

10. 其他报警时两个 LED 灯如何变化？

任务 3　用基本操作板/高级操作板（BOP/AOP）进行调试

一、任务导入

利用基本操作面板/高级操作板（BOP/AOP）可以改变变频器的各个参数。为了利用 BOP 设定参数，必须先拆下 SDP，并装上 BOP 或 AOP。BOP 具有 7 段显示的五位数字，可以显示参数的序号和数值、报警和故障信息、设定值和实际值。参数的信息不能用 BOP 存储。

二、任务分析

用高级操作板（AOP）调试变频器如图 12-12 所示，高级操作面板（AOP）是可选件，具有以下特点：

- 清晰的多语言文本显示。
- 多组参数组的上载和下载功能。
- 可以通过 PC 编程。
- 具有连接多个站点的能力。

图 12-12　高级操作板（AOP）

三、相关知识

1. 用基本操作面板（BOP）修改参数的数值

（1）P0004 数值的修改步骤。

P0004 数值的修改步骤如表 12-6 所示。

表 12-6　修改 P0004 参数

操作步骤	显示结果
①按 ⬛ 访问参数	⌐0000
②按 ⬛ 直到显示出 P0004	P0004
③按 ⬛ 进入参数数值访问级	0
④按 ⬛ 或 ⬛ 达到所需要的数值	7
⑤按 ⬛ 确认并存储参数的数值	P0004
⑥用户只能看到电动机的参数	

（2）修改下标参数的数值。

修改下标参数的数值如表 12-7 所示，以 P0719（选择命令/设定值源）为例，根据此方法可以用 BOP 修改任何一个参数。

表 12-7　修改下标参数 P0719

操作步骤	显示结果
①按 ● 访问参数	⇥0000
②按 ● 直到显示出 P019	P0719
③按 ● 进入参数数值访问级	In000
④按 ● 显示当前的设定值	0
⑤按 ● 或 ● 达到所需要的数值	12
⑥按 ● 确认和存储这一数值	P0719
⑦按 ● 直到显示出 ⇥0000	⇥0000
⑧按 ● 返回标准的变频器显示（由用户定义）	

说明：忙碌信息。修改参数的数值时，BOP 有时会显示：1 busy，表明变频器正忙于处理优先级更高的任务。

（3）设置修改任一参数数值。

为了快速修改参数的数值，可以一个个地单独修改显示出的每个数字，操作步骤如下：

①确信已处于某一参数数值的访问级。

②按 ●（功能键），最右边的一个数字闪烁。

③按 ● / ●，修改这位数字的数值。

④再按 ●（功能键），相邻的下一位数字闪烁。

⑤执行步骤③～⑤，直到显示出所要求的数值。

⑥按 ● 退出参数数值的访问级。

提示：功能键也可以用于确认已发生的故障。

2. 复位为出厂时变频器的默认设置值

为了把变频器的所有参数复位为出厂时的默认设置值，需要设置 BOP、AOP 或通信选件如下：

（1）设置 P0010=30。

（2）设置 P0970=1（复位过程约需 3 分钟才能完成）。

3. 常规操作

（1）变频器没有主电源开关，因此当电源电压接通时变频器就已带电。按下运行（RUN）键或者在数字输入端 5 出现 ON 信号（正向旋转）之前，变频器的输出一直被封锁，处于等待状态。

（2）如果装有 BOP 或 AOP 并且已选定要显示输出频率（P0005=21），那么在变频器减速停车时相应的设定值大约每一秒钟显示一次。

（3）变频器出厂时已按相同额定功率的西门子四级标准电动机的常规应用对象进行了编程，如果用户采用的是其他型号的电动机，则必须输入电动机铭牌上的规格数据。

（4）除非 P0010=1，否则是不能修改电动机参数的。

（5）为了使电动机开始运行，必须将 P0010 返回"0"值。

4. 用 BOP/AOP 进行的基本操作

前提条件：

P0010=0（为了正确地进行运行命令的初始化）

P0700=1（使能 BOP 的起动/停止按钮）

P1000=1（使能电动机电位计的设定值）

（1）按下绿色按键◉，起动电动机。

（2）在电动机转动时按下◉键，使电动机升速到 50Hz。

（3）在电动机达到 50Hz 时按下◉键，电动机速度及其显示值都降低。

（4）用◉键改变电动机的转动方向。

（5）用红色按键◉停止电动机。

5. 电动机过热保护

（1）PTC 传感器。

PTC 传感器电路图如图 12-13（a）所示，PTC 传感器特性如图 12-13（b）所示，如果电动机的 PTC 已经接到 MM440 变频器的控制端 14 和 15，并设定 P0601=1，使能 PTC 功能，那么 MM440 将按正常情况工作，端子上的电阻保持在大约 1500Ω 以下。如果超过这个数值变频器将发出报警信号 A0510，然后出故障，实际电阻的数值应不小于 1000Ω 不大于 2000Ω。

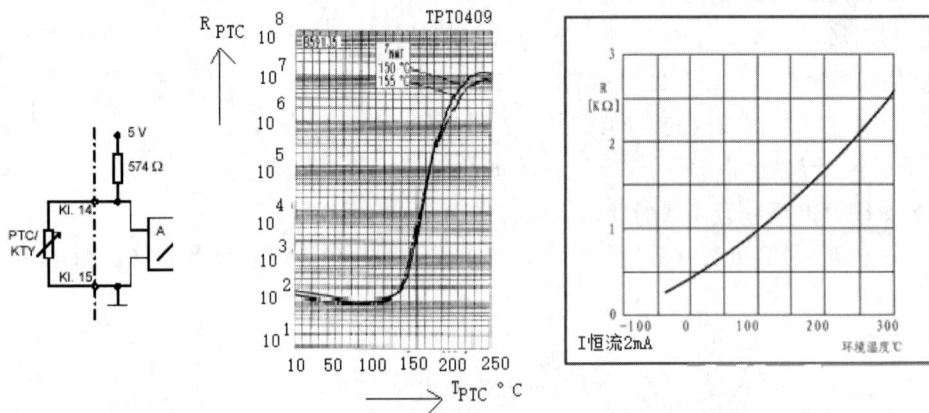

（a）PTC 传感器电路图　　（b）PTC 传感器特性　　（c）KTY84 传感器特性

图 12-13　PTC 传感器

（2）KTY84 传感器（P0601=2）。

KTY84 传感器特性如图 12-13（c）所示，KTY84 传感器连接需要使二极管正向偏置，阳极接到 PTCA（+），阴极接到 PTCB（-）。如果设定 P0601=2，使能温度监控功能，传感器（因此也是电动机绕组的温度）的温度测量值将写入参 r0035，电动机过温保护的动作阈值可以用参数 P0604（默认值为 130℃）设定。

（3）接线故障。

如果变频器到 PTC 或 KTY84 传感器的连线开路或短路，将显示故障状态，其默认值设置为变频器跳闸。为了使能跳闸功能，还需要设定参数 P0701、P0702 或 P0703=29。

四、任务实施

1. 任务准备

基本操作板（BOP）8 台，分小组进行，每组 4 人；万用表每组一个；十字螺钉旋具、一字螺钉旋具每组各一把；其他电工维修工具每组各一套。

（1）任务实施目的。

1）了解基本操作板（BOP）的组成。

2）掌握基本操作板（BOP）的调试步骤。

3）掌握基本操作板（BOP）的故障检查方法。

（2）任务实施步骤。

1）收集整理基本操作板（BOP）的电气资料。

2）读懂基本操作板（BOP）的电气原理图和接线图。

3）认识基本操作板（BOP）。

4）应用基本操作板（BOP）的调试步骤进行调试训练。

5）设置模拟故障，应用基本操作板（BOP）的故障检修方法进行故障排除练习。

2. 基本操作板（BOP）调试步骤

（1）快速调试（P0010=1）。在进行"快速调试"之前，必须完成变频器的机械和电气安装。

（2）P0010 参数的过滤功能和 P0003 选择用户访问级别的功能在调试时是十分重要的。MM440 变频器有 3 个用户访问级：标准级、扩展级和专家级，进行快速调试时，访问级较低的用户能够看到的参数较少，这些参数的数值要么是默认设置，要么是在快速调试时进行计算。

（3）快速调试包括电动机参数设定和斜坡函数的参数设定。快速调试的进行与参数 P3900 的设定有关，在它被设定为 1 时，快速调试结束后要完成必要的电动机计算，并使其他多个参数（P0010=1 不包括在内）复位为工厂的默认设置。在 P3900=1 并且完成快速调试以后，变频器已做好了运行准备。只是在快速调试方式下才是这种情况。

快速调试流程图如图 12-14 所示。

3. 用于参数化的电动机数据

典型电动机铭牌如图 12-15 所示。

P0003 用户访问级	1
1 标准级 2 扩展级 3 专家级	

P0010 开始快速调试	1
0 准备运行	
1 快速调试 30 工厂的默认设置值	

P0100 选择工作地区是欧洲/北美	1
0 功率单位为 kW，f 的默认值为 50Hz	
1 功率为 hp，f 的默认值为 60Hz	
2 功率单位为 kW，f 的默认值为 60Hz	
说明：P0100 设定值 0 和 1 应该用 DIP 开关来更改，使其设定的值固定不变，DIP 开关用来建立固定不变的设定值。在电源断开后，DIP 开关的设定值优先于参数的设定值	

P0205 变频器的应用对象	3
0 恒转矩 1 变转矩	
说明：P0205=1 时，只能用于平方 uf 特性（水泵、风机）的负载	

P0300 选择电动机类型	2
1 异步电动机 2 同步电动机	
说明：P0300=2 时，控制参数被禁止	

P0304 额定电动机电压	1
设定值的范围：10V～2000V	
根据铭牌键入的电动机额定电压（V）	

P0305 电动机的额定电源	1
设定值的范围：0～2 倍变频器额定电流（A）	
根据铭牌键入的电动机额定电流（A）	

P0307 电动机的额定功率	1
设定值的范围：0kW～2000kW	
根据铭牌键入的电动机额定功率（kW）	
如果 P0100=1，功率单位应是 hp	

P0308 电动机的额定功率因数	2
设定值的范围：0.000～1.000	
根据铭牌键入的电动机额定功率因数（cosΦ）	
只有在 P0100=0 或 2 的情况下（电动机的功率单位是 kW 时）才能看到	

P0309 电动机的额定效率	2
设定值的范围：0.0～99.9%	
根据铭牌键入的以%值表示的电动机额定效率	
只有在 P0100=1 的情况下（电动机的功率单位是 hp 时）才能看到	

P0310 电动机的额定功率	1
设定值的范围：12Hz～650Hz	
根据铭牌键入的电动机额定功率（Hz）	

P0311 电动机的额定速度	1
设定值的范围：0～40000r/min	
根据铭牌键入的电动机额定速度（r/min）	

P0320 电动机的磁化电流	3
设定值的范围：0.0～99.9%	
是以电动机额定电流（P0305）的%值表示的磁化电流	

P0335 电动机冷却	2
0 自冷 1 强制冷却	
2 自冷和内置风机冷却	
3 强制冷却和内置风机冷却	

P0640 电动机的过载因子	2
设定值的范围：10.0～400.0%	
电动机过载电流的设定值，以电动机额定电流（P0305）的%值表示	

P0700 选择命令源	1
0 工厂设置值 1 基本操作面板（BOP） 2 端子（数字输入）	
说明：如果 P0700=2，数字输入的功能决定于 P0701～P0708，P0701～P0708=99 时，各个数字输入端按照 BICO 功能进行参数化	

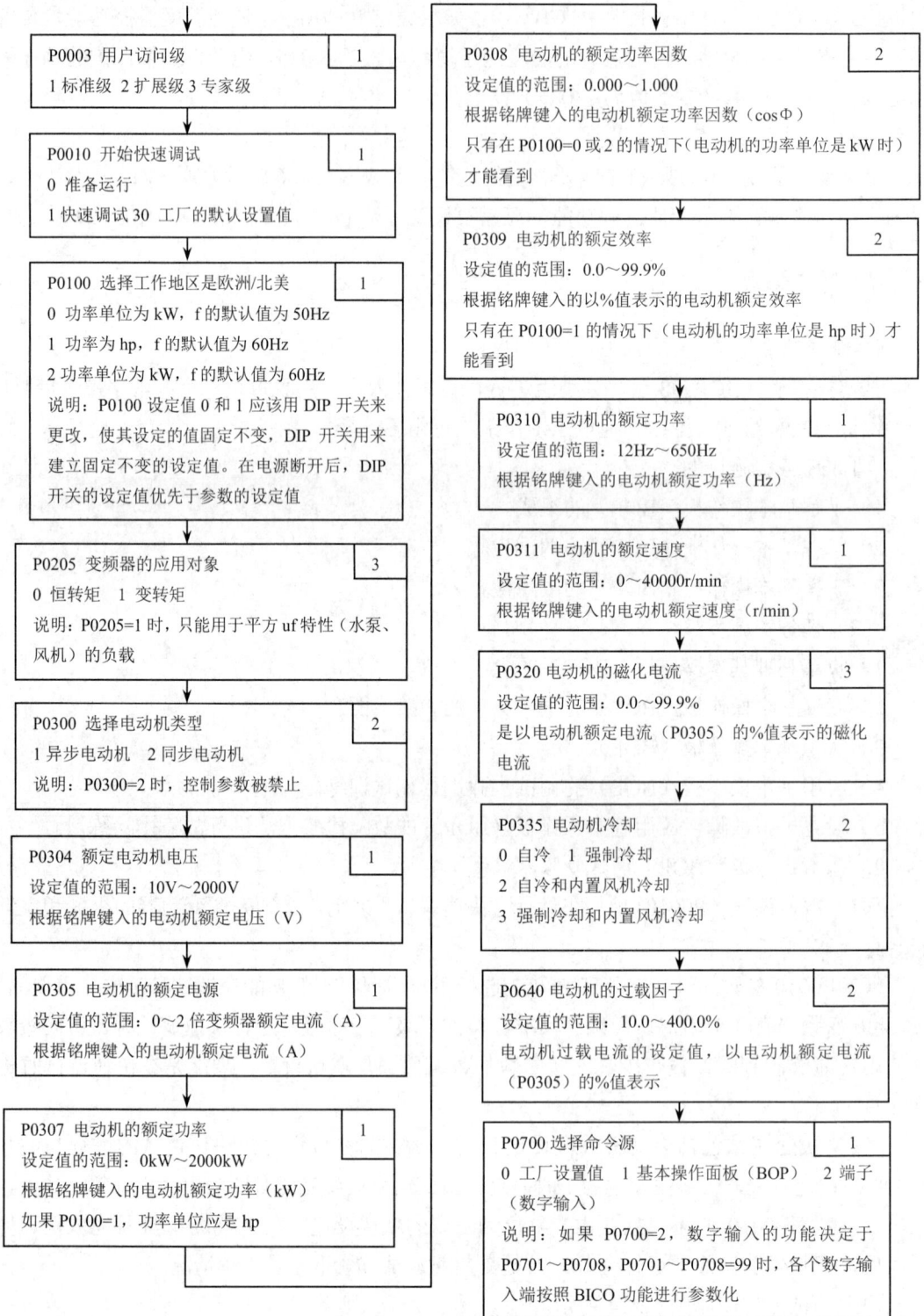

图 12-14 快速调试流程图

P1000 选择频率设定值   1

1 电动电位计设定值 2 模拟设定值 1
3 固定频率设定值 4 模拟设定值 2
说明：附加设定值的设定方法请参见"参数表"，
如果 P1000=1 或 3，频率设定值的选择决定于
P0700～P0708 的设置

P1080 电动机最小频率   1

设定值的最小范围：0～650Hz
本参数设置电动机的最小频率（0～650Hz），达到
这一频率时电动机的运行速度将与频率设定值无
关。这里设置的值对电动机的正转和反转都是适用
的

P1082 电动机最大频率   1

设定值的范围：0～650Hz
本参数设置电动机的最大频率（0-650Hz），达到这
一频率时电动机的运行速度将于频率的设定值无
关，这里设置的值对电动机的正转和反转都是适用
的

P1120 斜坡上升时间   1

设定值的范围：0s～650s
电动机从静止停车加速到最大电动机频率所需要的
时间

P1121 斜坡下降时间   1

设定值的范围：0s～650s
电动机从其最大频率减速到静止停车所需要的时间

P1135 OFF3 的斜坡下降时间   2

设定值的范围：0s～650s
得到 OFF3 停止命令后，电动机从其最大频率减速
到静止停车所需要的斜坡下降时间

P1300 控制方式   2

0 线性 u/f 控制 1 带 FCC（磁通电流控制）的 u/f 控制
2 抛物线 u/f 控制 3 可编程的多点 u/f 控制 5 用于纺织
工业的 u/f 控制 6 用于纺织工业的带 FCC 的 u/f 控制
19 带独立电压设定值的 u/f 控制 20 无传感器矢量控制
21 带传感器矢量控制 22 无传感器的矢量转矩控制
23 带传感器的矢量转矩控制
说明：矢量控制方式只适用于异步电动机控制

P1500 转矩设定值的选择   2

0 无主设定值 2 模拟设定值 1
4 通过 BOP 链路的 USS 设定值 5 通过 COM 链路的 USS 设定
值 6 通过 COM 链路的（通信板）设定值 7 模拟设定值 2
说明：附加设定值的设置方法请参见"参数表"

P1910 选择电动机数据的自动检测方式   2

0 禁止自动检测 1 所有参数都带参数修改的自动检测
2 所有参数都不带参数修改的自动检测 3 饱和曲线带参数修
改的自动检测 4 饱和曲线不带参数修改的自动检测
说明：电动机数据的自动检测必须是冷态（20℃）下进行。
如果环境温度不在允许范围（20℃+5℃）内，必须修改参数
P0625 的电动机运行环境温度值

P1910=0   P1910=1、2、3、4

报警码 A0541 激活电动机
数据自动检测功能

P3900 结束快速调试   1

0 结束快速调试，不进行电动机计算或复位为工厂
默认设置值 1 结束快速调试,进行电动机计算和复
位为工厂默认设置值（推荐的方式） 2 结束快速调
试，进行电动机计算和 I/O 复位 3 结束快速调试,
进行电动机计算，但不进行 I/O 复位

P3900=1、2   P3900=3

接通电动机，开始电动机数据的自动检测。在完
成电动机数据的自动控制以后，报警信号 A0541
消失。如果电动机要弱磁运行，操作要在 P1910=3
"饱和曲线"下重复

快速调试结束，变频器进入"运行准备就绪"状态

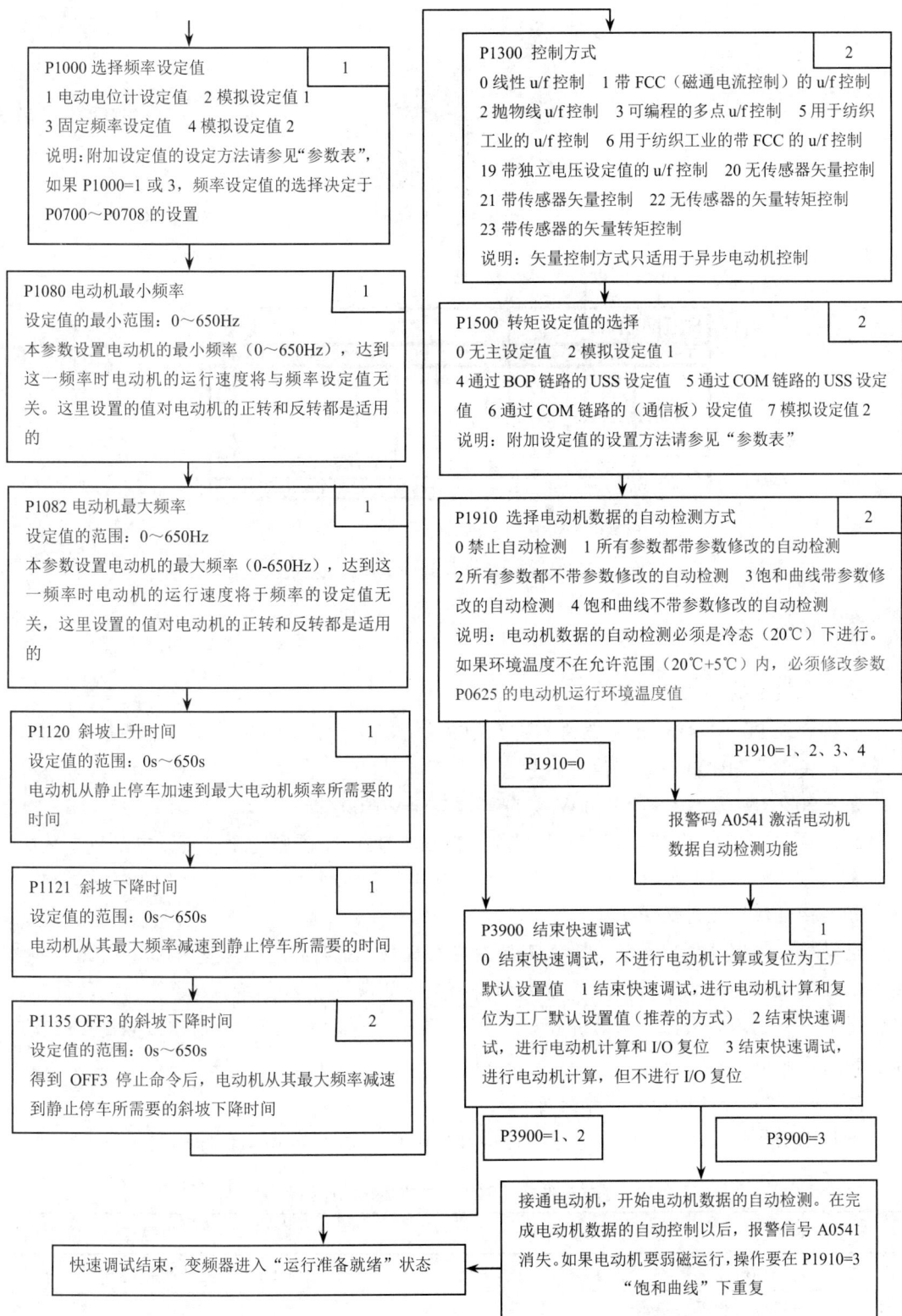

图 12-14 快速调试流程图（续图）

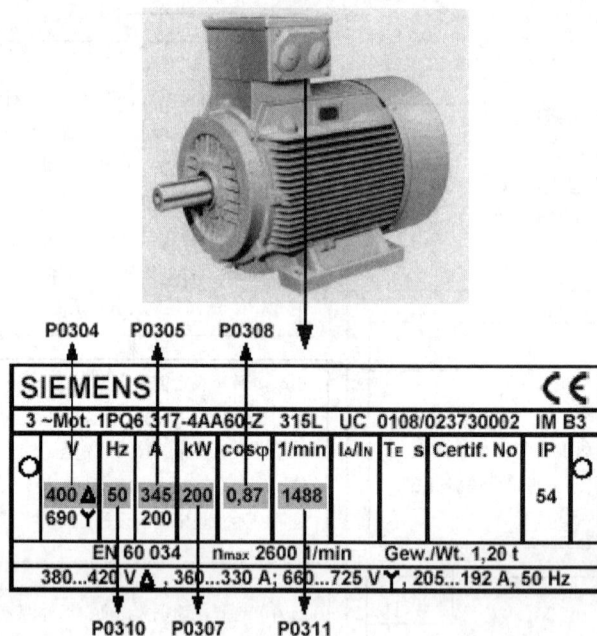

图 12-15　典型电动机铭牌

小提醒

①电动机参数设置注意事项。

- 如果 P0003≥2，只能看到参数 P0308 和 P0309，究竟可以看到其中哪一个参数，决定于 P0100 的设定值。
- P0307 所显示的单位是 kW 或 hp，决定于 P0100 的设定值。
- 除非 P0010=1（工厂的默认设置）和 P0004=0 或 3，否则是不能更改电动机参数的。
- 确认变频器已按电动机的铭牌数据正确进行了配置。

②外接电动机热过载保护。

电动机在额定速度以下运行时，安装在电动机轴上的风扇冷却效果降低，因此，如果要在低频下长时间连续运行，大多数电动机必须降低额定功率使用；为了保护电动机在这种情况下不致过热而损坏，电动机应安装 PTC 温度传感器，并把它的输出信号连接到变频器的相应控制端。

3. 基本操作板（BOP）故障分析

把基本操作板（BOP）的常见故障原因和故障点如表 12-8 所示，应用时可以参考。

表 12-8　基本操作板（BOP）的常见故障原因和故障点

序号	故障现象	故障点
1	电动机过热损坏	PTC 温度传感器坏
2	运行命令无法初始化	P0010
3	KTY84 不能正常工作	二极管反偏

续表

序号	故障现象	故障点
4	变频器显示故障状态	PTC 或 KTY84 连接线开路或短路
5	变频器发出报警信号 A0510	调节端子电阻在 1.5kΩ 左右
6	电动机过热	更换电动机轴上的风扇

五、任务小结

1. 基本操作面板（BOP）

更改参数的数值，可以用 BOP 更改任何一个参数的数值。

2. 高级操作板（AOP）

高级操作板（AOP）调试变频器的特点有以下几点：

- 清晰的多语言文本显示。
- 多组参数组的上载和下载功能。
- 可以通过 PC 编程。
- 具有连接多个站点的能力。

3. BOP/AOP 的调试功能

（1）快速调试（P0010=1）。在进行"快速调试"之前必须完成变频器的机械和电气安装。

（2）P0010 参数的过滤功能和 P0003 选择用户访问级别的功能在调试时是十分重要的。MM440 变频器有 3 个用户访问级：标准级、扩展级和专家级，进行快速调试时，访问级较低的用户能够看到的参数较少，这些参数的数值要么是默认设置，要么是在快速调试时进行计算。

（3）快速调试包括电动机参数设定和斜坡函数的参数设定。

4. 基本操作板（BOP）故障分析

序号	故障现象	故障点
1	电动机过热损坏	PTC 温度传感器坏
2	运行命令无法初始化	P0010
3	KTY84 不能正常工作	二极管反偏
4	变频器显示故障状态	PTC 或 KTY84 连接线开路或短路
5	变频器发出报警信号 A0510	调节端子电阻在 1.5kΩ 左右
6	电动机过热	更换电动机轴上的风扇

六、思考与练习

1. 如何用基本操作面板（BOP）更改参数的数值？

2. 高级操作板（AOP）具有哪些特点？

3. 简述 BOP/AOP 的调试功能。

4. 复位为出厂时的变频器如何设置？

5. PTC 温度传感器的作用是什么？

6. 二极管反偏会产生什么结果？

7. 变频器显示故障状态的原因是什么？

8. 电动机过热的原因？

9. MM440 变频器有几个用户访问级？

10. 如何设置能更改电动机的参数？

项目十三　MM440 变频器的应用

MM440 变频器由于具有 HMI 纯文本面板、支持使用多种外国语言、采用动态驱动和制动、具有各种控制和制动类型、具有通信功能、具有各种通信接口可确保能够用于最常见的网络应用，所以广泛应用于物流系统、纺织工业、升降机、举升设备、机械工程以及食品饮料和烟草等领域。

学习知识要点
1. 了解 MM440 变频器的基本操作。
2. 掌握 MM440 变频器输入端子的操作控制。

职业技能要点
1. MM440 变频器模拟信号操作控制参数的正确设置。
2. MM440 变频率多段速频率控制的运行及调试。

任务 1　MM440 变频器的基本操作

一、任务导入

变频器是利用电力半导体器件的通断作用把电压、频率固定不变的交流电变成电压、频率都可调的交流电源，是由主电路和控制电路组成的。主电路是给异步电动机提供可控电源的电力转换部分，变频器的主电路分为两类：电压型是将电压源的直流变换为交流的变频器，直流回路的滤波部分是电容；电流型是将电流源的直流变换为交流的变频器，其直流回路滤波部分是电感。主电路由三部分构成，将工频电源变换为直流功率的整流部分，吸收在转变中产生的电压脉动的平波回路部分，将直流功率变换为交流功率的逆变部分。控制电路是给主电路提供控制信号的回路，它有决定频率和电压的运算电路、检测主电路数值的电压和电流的检测电路、检测电动机速度的速度检测电路、将运算电路的控制信号放大的驱动电路，以及对逆变器和电动机进行保护的保护电路。

现在大多数的变频器基本都采用交直交方式（VVVF 变频或矢量控制），将工频交流电源通过整流器转换为直流电源，再把直流电源转换成近似于正弦波可控的交流电以供给电动机。

二、任务分析

MM440 变频器基本控制运行接线如图 13-1 所示。

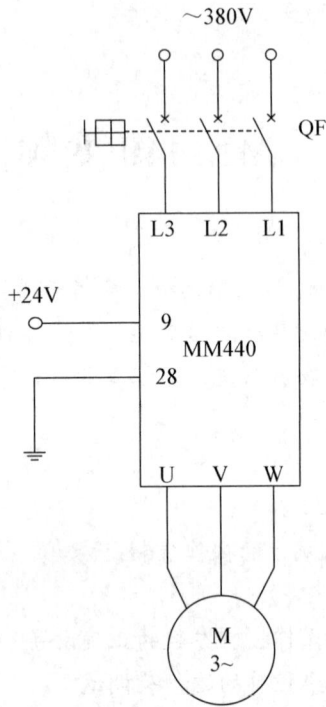

图 13-1 MM440 变频器基本控制运行接线

三、相关知识

1. 参数设置

（1）检查电路接线正确后合上主电源开关 QF。

（2）恢复变频器工厂默认值：设定 P0010=30 和 P0970=1，按下 P 键，开始复位，复位过程大约为 3 分钟，这样就保证了变频器的参数恢复到工厂默认值。

（3）设置电动机参数：为了使电动机与变频器相匹配，需要设置电动机的相关参数。

2. 电动机选用

电动机选用型号为 JW--5014，具体参数设置如表 13-1 所示。电动机参数设置完成后设 P0010=0，变频器当前处于准备状态，可以正常运行。

表 13-1 电动机参数设置

参数号	出厂值	设置值	说明
P0003	1	1	设用户访问级为标准级
P0010	0	1	快速调试
P0100	0	0	工作地区：功率以 kW 表示，频率为 50Hz
P0304	230	380	电动机额定电压（V）
P0305	3.25	0.25	电动机额定电流（A）
P0307	0.75	0.04	电动机额定功率（kW）

参数号	出厂值	设置值	说明
P0308	0	0.8	电动机额定电压因数
P0310	50	50	电动机额定频率（Hz）
P0311	0	1400	电动机额定转速

3．电动机方向设置

设置电动机正向、反向运行面板基本操作控制参数，如表 13-2 所示。

表 13-2　面板基本操作控制参数

参数号	出厂值	设置值	说明
P0003	1	1	设用户访问级为标准级
P0004	0	7	命令和数字 I/O
P0700	2	1	由键盘输入设定值（选择命令源）
P0003	1	1	设用户访问级为标准级
P0004	0	10	设定值通道和斜坡函数发生器
P1000	2	1	由键盘（电动电位计）输入设定值
P1080	0	0	电动机运行的最低频率（Hz）
P1082	50	50	电动机运行的最高频率（Hz）
P0003	1	2	设定用户访问级为扩展级
P0004	0	10	设定值通道和斜坡函数发生器
P1040	5	50	设定键盘控制的频率值（Hz）

四、任务实施

1．任务准备

MM440 变频器 8 台，分小组进行，每组 4 人；万用表每组一个；十字螺钉旋具、一字螺钉旋具每组各一把；其他电工维修工具每组各一套。

（1）任务实施目的。

1）熟悉 MM440 变频器面板的组成。

2）掌握 MM440 变频器的工作原理。

3）掌握 MM440 变频器的调试步骤。

4）掌握 MM440 变频器的故障排除方法。

（2）任务实施步骤。

1）MM440 变频器电气资料的准备。

2）分析 MM440 变频器中各电气元件的作用。

3）掌握 MM440 变频器的电气原理图和接线图。

4）应用 MM440 变频器的调试步骤进行调试训练。

5）设置模拟故障，应用 MM440 变频器的故障检修方法进行故障排除练习。

2. MM440 变频器调试步骤

（1）在变频器的前操作面板上按下运行键"I"，变频器将驱动电动机升速，并运行在由 P1040 所设定的 50Hz 频率对应的 2800r/min 转速上。

（2）如果需要，电动机的转速（运行频率）及转向可直接通过按前操作面板上的增加键及减少键来改变。当设置 P1031=1 时，由增加键/减少键改变了的频率设定值被保存在内存中。

（3）如果需要用户可根据情况改变所设置的最大运行频率 P1082 的设置值。

（4）在变频器的前操作面板上按停止键"0"，变频器将驱动电动机降速至 0。

小提醒

P1032=0 时允许反向，可以通过键入设定值来改变电动机的转向（即可以用数字输入也可以用键盘上的升/降键来增加/降低运行频率）。

3. MM440 变频器故障分析

MM440 变频器的常见故障原因和故障点如表 13-3 所示，应用时可以参考。

表 13-3　MM440 变频器的常见故障原因和故障点

序号	故障现象	故障点
1	无法设用户访问级为标准级	设置 P0003=1
2	键盘无法输入设定值（选择命令源）	设置 P0700=1
3	电动机不能升速	设置 P1040=50
4	电动机的转速不能上升	操作面板上的增加键坏了，更换
5	电动机的转速不能下降	操作面板上的减少键坏了，更换
6	电动机不能反向	设置 P1032=0

五、任务小结

1. 变频器

变频器是利用电力半导体器件的通断作用把电压、频率固定不变的交流电变成电压、频率都可调的交流电源。

2. 参数设置

（1）检查电路接线正确后合上主电源开关 QF。

（2）恢复变频器工厂默认值：设定 P0010=30 和 P0970=1，按下 P 键，开始复位，复位过程大约为 3 分钟，这样就保证了变频器的参数恢复到工厂默认值。

（3）设置电动机参数：为了使电动机与变频器相匹配，需要设置电动机的相关参数。

3. MM440 变频器调试步骤

（1）在变频器的前操作面板上按下运行键"I"，变频器将驱动电动机升速，并运行在由 P1040 所设定的 50Hz 频率对应的 2800r/min 转速上。

（2）如果需要，电动机的转速（运行频率）及转向可直接通过按前操作面板上的增加键及减少键来改变。当设置 P1031=1 时，由增加键/减少键改变了的频率设定值被保存在内存中。

（3）如果需要用户可根据情况改变所设置的最大运行频率 P1082 的设置值。

（4）在变频器的前操作面板上按停止键"0"，变频器将驱动电动机降速至 0。

4. MM440 变频器故障分析

序号	故障现象	故障点
1	无法设用户访问级为标准级	设置 P0003=1
2	键盘无法输入设定值（选择命令源）	设置 P0700=1
3	电动机不能升速	设置 P1040=50
4	电动机的转速不能上升	操作面板上的增加键坏了，更换
5	电动机的转速不能下降	操作面板上的减少键坏了，更换
6	电动机不能反向	设置 P1032=0

六、思考与练习

1. 什么是变频器？

2. MM440 变频器的参数如何设置？

3. 试述 MM440 变频器的调试步骤。

4. 电动机的转速上升面板如何设置？

5. 电动机的转速下降面板如何设置？

6. 电动机不能反向的原因是什么？

7. 变频器不运行的原因是什么？

8. 将用户访问级设为标准级的方法是什么？

9. 电动机额定电压（V）如何设置？

10. 如何恢复变频器的工厂默认值？

任务 2 MM440 变频器输入端子操作控制

一、任务导入

MM440 变频器有 6 个数字输入端口（DIN1～DIN6），即端口 5、6、7、8、16、17，每一个数字输入端口功能很多，可以根据需要进行设置。P0701～P0706 为数字输入 1 功能至数字输入 6 功能，每一个数字输入功能设置参数值范围均为 0～99，默认值为 1。

下面列出其中几个参数值并说明其含义。

- 参数值为 0：禁止数字输入。

- 参数值为 1：ON/OFF1（接通正转/停止命令 1）。

- 参数值为 2：ON/OFF1（接通反转/停止命令 1）。
- 参数值为 3：OFF2（停止命令 2），按惯性自由停车。
- 参数值为 4：OFF3（停止命令 3），按斜坡函数曲线快速降速。
- 参数值为 9：故障确认。
- 参数值为 10：正向点动。
- 参数值为 11：反向点动。
- 参数值为 12：反转。
- 参数值为 13：MOP（点动电位计）升速（增加频率）。
- 参数值为 14：MOP 降速（减少频率）。
- 参数值为 15：固定频率设定值（直接选择）。
- 参数值为 16：固定频率设定值（直接选择+ON 命令）。
- 参数值为 17：固定频率设定值（二进制编码选择+ON 命令）。
- 参数值为 25：直流注入制动。

二、任务分析

1. 控制要求

用自锁按钮 SB1 和 SB2 控制 MM440 变频器，实现电动机正转和反转功能，电动机加/减速时间为 15s。DIN1 端口设为正转控制，DIN2 端口设为反转控制。

2. 电路接线图

输入端子操作控制运行接线图如图 13-2 所示。

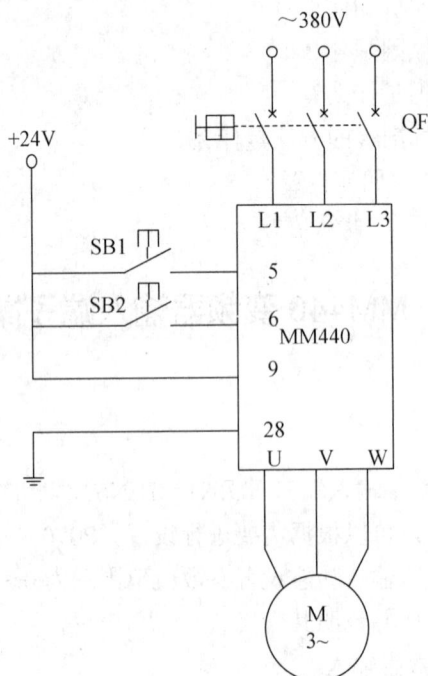

图 13-2　输入端子操作控制运行接线图

三、相关知识

参数设置如下：

（1）检查电路接线正确后合上主电源开关 QF。

（2）恢复变频器工厂默认值：设定 P0010=30 和 P0970=1，按下 P 键，开始复位，复位过程大约 3 分钟，这样就保证了变频器的参数恢复到工厂默认值。

（3）设置电动机参数：电动机参数设置如表 13-1 所示，电动机参数设置完成后设 P0010=0。

（4）设置数字输入控制端口参数，如表 13-4 所示。

表 13-4　数字输入控制端口参数

参数号	出厂值	设置值	说明
P0003	1	1	设用户访问级为标准级
P0004	0	7	命令和数字 I/O
P0700	2	2	命令源选择"由端子排输入"
P0003	1	2	设用户访问级为扩展级
P0004	0	7	命令和数字 I/O
P0701	1	1	ON 接通正转，OFF 停止
P0702	1	2	ON 接通正转，OFF 停止
P0003	1	1	设用户访问级为标准级
P0004	0	10	设定值通道和斜坡函数发生器
P1000	2	1	由键盘（电动电位计）输入设定值
P1080	0	0	电动机运行的最低频率（Hz）
P1082	50	50	电动机运行的最高频率（Hz）
P1120	10	15	斜坡上升时间（s）
P1121	10	15	斜坡下降时间（s）
P0003	1	2	设用户访问级为扩展级
P0004	0	10	设定值通道和斜坡函数发生器
P1040	5	40	设定键盘控制的频率值

四、任务实施

1. 任务准备

MM440 变频器 8 台，分小组进行，每组 4 人；万用表每组一个；十字螺钉旋具、一字螺钉旋具每组各一把；其他电工维修工具每组各一套。

（1）任务实施目的。

1）掌握 MM440 变频器基本参数的输入方法。

2）掌握 MM440 变频器输入端子的控制及调试步骤。

3）掌握 MM440 变频器输入端子的故障排除方法。

（2）任务实施步骤。

1）收集整理输入端子的电气资料。

2）分析输入端子的电气原理图和接线图。

3）设置输入端子参数并按调试步骤进行调试训练。

4）设置模拟故障，应用输入端子的故障检修方法进行故障排除练习。

2. 输入端子调试步骤

（1）电动机正向运行。当按下自锁按钮 SB1 时，变频器数字输入端口 DIN1 为 ON，电动机按 P1120 所设置的 15s 斜坡上升时间正向起动，经 15s 后稳定运行在 2260r/min 的转速上。此转速与 P1040 所设置的 40Hz 频率相对应。

（2）电动机正向停止。放开自锁按钮 SB1，数字输入端口 DIN1 为 OFF，电动机按 P1121 所设置的 15s 斜坡下降时间停车，经 15s 后电动机停止运行。

（3）电动机反向运行。如果要使电动机反转，则按下自锁按钮 SB2，变频器数字输入端口 DIN2 为 ON，电动机按 P1120 所设置的 15s 斜坡上升时间反向起动，经 15 s 后稳定运行在 2260r/min 的转速上。此转速与 P1040 所设置的 40Hz 频率相对应。

（4）电动机反向停止。放开自锁按钮 SB2，数字输入端口 DIN2 为 OFF，电动机按 P1121 所设置的 15s 斜坡下降时间停车，经 15s 后电动机停止运行。

小提醒

DIN1 端口设为正转控制，DIN2 端口设为反转控制。

3. 输入端子故障分析

输入端子的常见故障原因和故障点如表 13-5 所示，应用时可以参考。

表 13-5　输入端子的常见故障原因和故障点

序号	故障现象	故障点
1	电动机不能正转	自锁按钮 SB1 接触不良；DIN1 端口
2	电动机不能反转	自锁按钮 SB2 接触不良；DIN2 端口
3	无法设定键盘控制的频率值或频率数值低	P1040
4	无法由键盘（电动电位计）输入设定值	P1000
5	斜坡上升时间设置不正确	P1120
6	斜坡下降时间设置不正确	P1121

五、任务小结

1. MM440 变频器数字输入端口

MM440 变频器有 6 个数字输入端口（DIN1～DIN6），即端口 5、6、7、8、16、17，每一个数字输入端口功能很多，可以根据需要进行设置。

2．参数设置

（1）检查电路接线正确后合上主电源开关 QF。

（2）恢复变频器工厂默认值：设定 P0010=30 和 P0970=1，按下 P 键，开始复位，复位过程大约 3 分钟，这样就保证了变频器的参数恢复到工厂默认值。

（3）设置电动机参数，然后设 P0010=0。

（4）设置数字输入控制端口参数。

3．输入端子调试步骤

（1）电动机正向运行。

（2）电动机反向运行。

（3）电动机停止。

4．输入端子故障分析

序号	故障现象	故障点
1	电动机不能正转	自锁按钮 SB1 接触不良：DIN1 端口
2	电动机不能反转	自锁按钮 SB2 接触不良：DIN2 端口
3	无法设定键盘控制的频率值或频率数值低	P1040
4	无法由键盘（电动电位计）输入设定值	P1000
5	斜坡上升时间设置不正确	P1120
6	斜坡下降时间设置不正确	P1121

六、思考与练习

1．MM440 变频器有几个数字输入端口？

2．简述参数设置的步骤。

3．如何实现电动机正向运行？

4．如何实现电动机反向运行？

5．电动机不能反转的原因是什么？

6．无法由键盘（电动电位计）输入设定值的原因是什么？

7．如何设定电动机运行的最低频率？

8．如何设定电动机运行的最高频率？

9．命令源选择"由端子排输入"如何设置？

10．斜坡下降时间设置不正确如何修改？

任务 3　MM440 变频器模拟信号操作控制

一、任务导入

MM440 变频器可以通过 6 个数字输入端口对电动机进行正反转运行、正反转点动运行方向控制，可以通过在基本操作板 BOP 上按△增加，按▽减少输出频率来设置正反向转速的大小，也可以由模拟输入端控制电动机转速的大小。MM440 变频器为用户提供了两对模拟输入端口 AIN1+和 AIN1-、AIN2+和 AIN2-，即端口 3 和 4、端口 10 和 11。

二、任务分析

1. 控制要求

用自锁按钮 SB1 和 SB2 控制 MM440 变频器实现电动机的正转和反转功能，由模拟输入端控制电动机转速的大小。DIN1 端口设为正转控制，DIN2 端口设为反转控制。

2. 电路接线图

模拟信号操作控制电路图如图 13-3 所示。

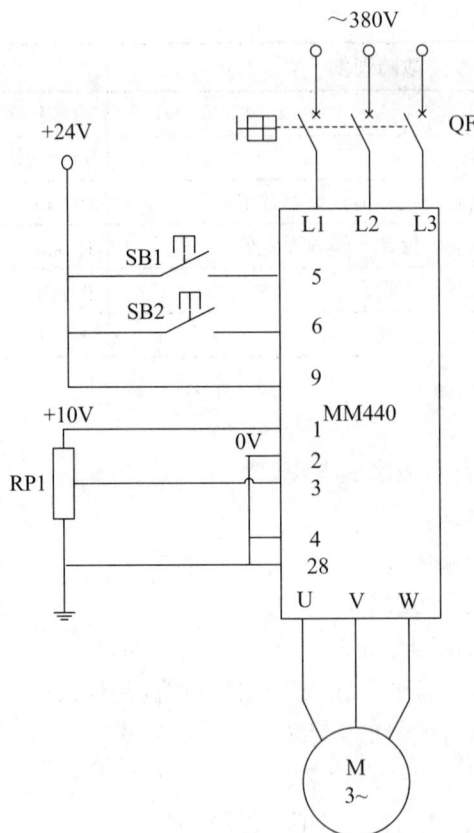

图 13-3　模拟信号操作控制电路图

三、相关知识

1. 电路接线

MM440 变频器的 1、2 输出端为用户的单元提供了高精度的+10V 直流稳压电源。转速调节电位器 RP1 串接在电路中，调节 RP1 时，输入端口 AIN1+给定模拟输入电压改变，变频器的输出量紧紧跟踪给定量的变化平滑无级地调节电动机转速的大小。

2. 参数设置

（1）检查电路接线正确后合上主电源开关 QF。

（2）恢复变频器工厂默认值：设定 P0010=30 和 P0970=1，按下 P 键，开始复位，复位过程大约为 3 分钟，这样就保证了变频器的参数恢复到工厂默认值。

（3）设置电动机参数，然后设 P0010=0，变频器当前处于准备状态，可以正常运行。

（4）设置模拟信号操作控制参数。

模拟信号操作控制参数如表 13-6 所示。

表 13-6 模拟信号操作控制参数

参数号	出厂值	设置值	说明
P0003	1	1	设用户访问级为标准级
P0004	0	7	命令和数字 I/O
P0700	2	2	命令源选择"由端子排输入"
P0003	1	2	设用户访问级为扩展级
P0004	0	7	命令和数字 I/O
P0701	1	1	ON 连接正转，OFF 停止
P0702	1	2	ON 连接反转，OFF 停止
P0003	1	1	设用户访问级为标准级
P0004	0	10	设定值通道和斜坡函数发生器
P1000	2	2	频率设定值选择为"模拟输入"
P1080	0	0	电动机运行的最低频率（Hz）
P1082	50	50	电动机运行的最高频率（Hz）

四、任务实施

1. 任务准备

MM440 变频器 8 台，分小组进行，每组 4 人；万用表每组一个；十字螺钉旋具、一字螺钉旋具每组各一把；其他电工维修工具每组各一套。

（1）任务实施目的。

1）掌握模拟信号电路的结构和工作原理。

2）掌握模拟信号电路的调试步骤。

3）掌握模拟信号电路的故障排除方法。

（2）任务实施步骤。

1）收集整理 MM440 变频器的模拟信号电气资料。

2）分析 MM440 变频器的模拟信号电气原理图和接线图。

3）MM440 变频器模拟信号的运行操作。

4）应用模拟信号的调试步骤进行调试训练。

5）设置模拟故障，应用模拟信号的故障检修方法进行故障排除练习。

2. 模拟信号调试步骤

（1）电动机正转。按下电动机正转自锁按钮 SB1，数字输入端口 DINI 为 ON，电动机正转运行，转速由外接电位器 RP1 来控制，模拟电压信号从 0 到+10V 变化，对应变频器的频率从 0 到 2800r/min 变化。

（2）当放开自锁按钮 SB1 时电动机停止。

（3）电动机反转。按下电动机反转自锁按钮 SB2，数字输入端口 DIN2 为 ON，电动机反转运行，与电动机正转相同，反转转速的大小仍由外接电位器 RP1 来调节。

（4）当放开自锁按钮 SB2 时电动机停止。

小提醒

恢复变频器工厂默认值：设定 P0010=30 和 P0970=1，按下 P 键，开始复位，复位过程大约为 3 分钟，这样就保证了变频器的参数恢复到工厂默认值。

3. 模拟信号故障分析

模拟信号的常见故障原因和故障点如表 13-7 所示，应用时可以参考。

表 13-7　模拟信号的常见故障原因和故障点

序号	故障现象	故障点
1	三相交流笼型异步电动机	选用 0.04kW
2	频率设定值选择为"模拟输入"	P1000=2
3	电动机运行的最低频率（Hz）	P1080=0
4	电动机运行的最高频率（Hz）	P1082=50
5	输入端口 AIN1+给定模拟输入电压改变	调节 RP1 时
6	按下起动按钮变频器不动作	合上主电源开关 QF

五、任务小结

1. 转速调节电位器 RP1

转速调节电位器 RP1 串接在电路中，调节 RP1 时，输入端口 AIN1+给定模拟输入电压改变，变频器的输出量紧紧跟踪给定量的变化平滑无级地调节电动机转速的大小。

2. 恢复变频器工厂默认值

设定 P0010=30 和 P0970=1，按下 P 键，开始复位，复位过程大约为 3 分钟，这样就保证了变频器的参数恢复到工厂默认值。

3. 模拟信号调试步骤

（1）电动机正转。

（2）当放开自锁按钮 SB1 时电动机停止。

（3）电动机反转。

（4）当放开自锁按钮 SB2 时电动机停止。

4．模拟信号故障分析

序号	故障现象	故障点
1	三相交流笼型异步电动机	选用 0.04kW
2	频率设定值选择为"模拟输入"	P1000
3	电动机运行的最低频率（Hz）	P1080
4	电动机运行的最高频率（Hz）	P1082
5	输入端口 AIN1+给定模拟输入电压改变	调节 RP1
6	按下起动按钮变频器不动作	合上主电源开关 QF

六、思考与练习

1．MM440 变频器有几个数字输入端口？

2．MM440 变频器有几个模拟输入端口？

3．转速调节电位器 RP1 的作用是什么？

4．如何设置用户访问级为扩展级？

5．转速调节电位器 RP1 的作用是什么？

6．简述自锁的定义。

7．变频器不动作的原因是什么？

8．如何通过操作板增加减少输出频率？

9．如何恢复变频器的工厂默认值？

10．P0701 和 P0702 的含义是什么？

任务4　MM440 变频器多段速频率控制

一、任务导入

MM440 变频器的 6 个数字输入（DIN1～DIN6）可以通过 P0701～P0706 设置实现多频控制。每一频段的频率可分别由 P1001～P1015 参数设置，最多可以实现 15 频段控制。在多频段控制中，电动机转速方向是由 P1001～P1015 参数所设置的频率正负决定的。6 个数字输入端口，哪一个作为电动机运行、停止控制，哪些作为多频率控制，是可以由用户任意确定的。一旦确定了某一数字输入端口控制功能，其内部参数的设置值必须与端口的控制功能相对应。

二、任务分析

1. 控制要求

MM440变频器控制实现电动机三段速频率运转。DIN3端口设为电动机起/停控制，DIN1和DIN2端口设为三段速频率输入选择，三段速度设置如下：

第一段：输出频率为15Hz，电动机转速为840r/min。

第二段：输出频率为35Hz，电动机转速为1960r/min。

第三段：输出频率为50Hz，电动机转速为2800r/min。

2. 电路接线图

三段频率控制接线如图13-4所示。

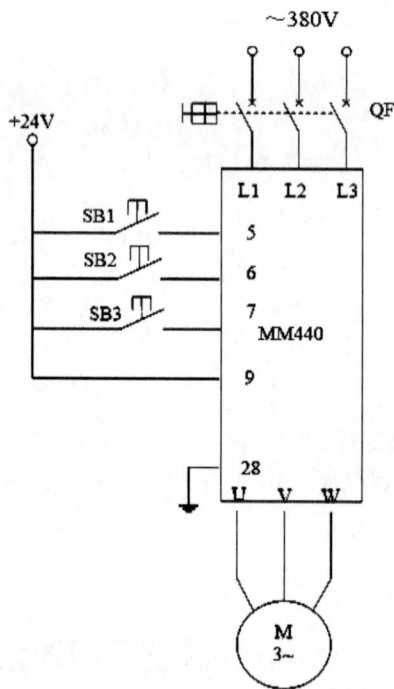

图 13-4 三段频率控制接线

三、相关知识

参数设置如下：

（1）检查电路接线正确后合上主电源开关QF。

（2）恢复变频器工厂默认值：设定P0010=30和P0970=1，按下P键，开始复位，复位过程大约为3分钟，这样就保证了变频器的参数恢复到工厂默认值。

（3）设置电动机参数：电动机参数如表13-1所示，电动机参数设置完成后设P0010=0，变频器当前处于准备状态，可以正常运行。

（4）设置三段固定频率控制参数，如表13-8所示。

表 13-8　三段固定频率控制参数

参数号	出厂值	设置值	说明
P0003	1	1	设用户访问级为标准级
P0004	0	7	命令和数字 I/O
P0700	2	2	命令源选择"由端子排输入"
P0003	1	2	设用户访问级为扩展级
P0701	1	17	选择固定频率
P0702	1	17	选择固定频率
P0703	1	1	ON 接通正转，OFF 停止
P0003	1	1	设用户访问级为标准级
P0004	0	10	设定值通道和斜坡函数发生器
P1000	2	3	选择固定频率设定值
P0003	1	2	设用户访问级为扩展级
P0004	0	10	设定值通道和斜坡函数发生器
P1001	0	15	设置固定频率 1（Hz）
P1002	5	35	设置固定频率 2（Hz）
P1003	10	50	设置固定频率 3（Hz）

四、任务实施

1. 任务准备

MM440 变频器 8 台，分小组进行，每组 4 人；万用表每组一个；十字螺钉旋具、一字螺钉旋具每组各一把；其他电工维修工具每组各一套。

（1）任务实施目的。

1）掌握多段速频率控制的工作原理。

2）掌握多段速频率控制的调试步骤。

3）掌握多段速频率控制的故障排除方法。

（2）任务实施步骤。

1）收集整理 MM440 变频器多段速频率控制的电气资料。

2）分析 MM440 变频器多段速频率控制的电气原理图和接线图。

3）应用 MM440 变频器多段速频率控制的调试步骤进行调试训练。

4）设置模拟故障，应用多段速频率控制故障检修方法进行故障排除练习。

2. 多段速频率控制调试步骤

当按下自锁按钮 SB3 时，数字输入端口 DIN3 为 ON，允许电动机运行。

（1）第 1 段控制。当 SB1 按钮接通、SB2 按钮断开时，变频器数字输入端口 DIN1 为 ON，端口 DIN2 为 OFF，变频器工作在由 P1001 参数所设定的频率为 15Hz 的第 1 段上，电动机运行在对应的 840r/min 转速上。

（2）第2段控制。当SB1按钮断开、SB2按钮接通时，变频器数字输入端口DIN1为OFF，端口DIN2为ON，变频器工作在由P1002参数所设定的频率为35Hz的第2段上，电动机运行在对应的1960r/min转速上。

（3）第3段控制。当SB1按钮和SB2按钮都接通时，变频器数字输入端口DIN1和DIN2都为ON，变频器工作在由P1003参数所设定的频率为50Hz的第3段上，电动机运行在对应的2800r/min转速上。

（4）电动机停车。当SB1按钮和SB2按钮都断开时，变频器数字输入端口DIN1、DIN2均为OFF，电动机停止运行。或者在电动机正常运行的任何频段，将SB3断开使数字输入端口DIN3为OFF，电动机也能停止运行。

小提醒

6个数字输入端口，哪一个作为电动机运行、停止控制，哪些作为多频率控制，是可以由用户任意确定的。一旦确定了某一数字输入端口的控制功能，其内部参数的设置值必须与端口的控制功能相对应。

3. 多段速频率控制故障分析

多段速频率控制的常见故障原因和故障点如表13-9所示，应用时可以参考。

表13-9　多段速频率控制的常见故障原因和故障点

序号	故障现象	故障点
1	命令和数字I/O无法输入	设置P0004=7
2	固定频率1无法设置（Hz）	设置P1001=15
3	固定频率2无法设置（Hz）	设置P1002=35
4	固定频率3无法设置（Hz）	设置P1003=50
5	按下自锁按钮SB3时电动机不运行	设置DIN3为ON
6	恢复变频器的工厂默认值变频器不动作	设置P0010=0

五、任务小结

1. MM440变频器的6个数字输入端口（DIN1～DIN6）

可以通过P0701～P0706设置实现多频控制。每一频段的频率可以分别由P1001～P1015参数设置，最多可以实现15频段控制。6个数字输入端口，哪一个作为电动机运行、停止控制，哪些作为多频率控制，是可以由用户任意确定的。一旦确定了某一数字输入端口的控制功能，其内部参数的设置值必须与端口的控制功能相对应。

2. 三段速度设置

MM440变频器控制实现电动机三段速频率运转。DIN3端口设为电动机起/停控制，DIN1和DIN2端口设为三段速频率输入选择，三段速度设置如下：

第一段：输出频率为15Hz，电动机转速为840r/min。

第二段：输出频率为35Hz，电动机转速为1960r/min。

第三段：输出频率为 50Hz，电动机转速为 2800r/min。

3．三段速设置调试步骤

（1）第 1 段控制。

（2）第 2 段控制。

（3）第 3 段控制。

（4）电动机停车。

4．多段速频率控制故障分析

序号	故障现象	故障点
1	命令和数字 I/O 无法输入	设置 P0004=7
2	固定频率 1 无法设置（Hz）	设置 P1001=15
3	固定频率 2 无法设置（Hz）	设置 P1002=35
4	固定频率 3 无法设置（Hz）	设置 P1003=50
5	按下自锁按钮 SB3 时电动机不运行	设置 DIN3 为 ON
6	恢复变频器的工厂默认值变频器不动作	设置 P0010=0

六、思考与练习

1．MM440 变频器的 6 个数字输入端口（DIN1～DIN6）的作用是什么？

2．简述三段速的设置步骤。

3．如何实现多频控制？

4．每一频段的频率最多可以实现多少频段控制？

5．如何设置固定频率 1？

6．如何设置固定频率 2？

7．如何设置固定频率 3？

8．恢复变频器的工厂默认值变频器不动作原因是什么？

9．命令源选择"由端子排输入"如何设置参数？

10．如何设置用户访问级为扩展级？

项目十四　PLC 和变频器联机变频调速

PLC 和变频器联机过程中，PLC 作为控制器，变频器用于控制电动机的转速。变频器不和 PLC 等控制器联系起来用也可以，但是无法自动调节电动机转速，只能手动通过变频器面板或者电阻电位器设定变频器的频率输出值。如果将变频器和 PLC 联机后再加入触摸屏，则可在触摸屏上设定变频器频率，由 PLC 将设定值信号通过通信线缆进行通信或者由 D/A 模块提供模拟信号送到变频器，控制其输出频率；如果设备中用到的变频器较多，且需要经常调节电动机速度，则操作起来更方便快捷。

学习知识要点

1. 掌握输入端子控制操作方法。
2. 掌握延时控制操作的工作原理。

职业技能要点

1. 掌握设置参数实现延时控制操作的方法。
2. 掌握多段速频率控制操作的运行及调试步骤。

任务 1　输入端子控制操作

一、任务导入

电动机选择型号为 YS-7112、额定功率为 0.37kW 的三相交流笼型异步电动机，变频器选择西门子公司额定功率为 0.04kW 的 MM440 变频器，PLC 选择西门子公司 S7-200 系列 226 型。

二、任务分析

1. 控制要求

通过 S7-200 系列 226 型 PIC 和 MM440 变频器联机，实现 MM440 控制端口开关操作，完成对电动机正反转运行的控制。控制要求如下：

（1）电动机正向运行时，正向起动时间为 8s，变频器输出功率为 30Hz。

（2）电动机反向运行时，反向起动时间为 8s，变频器输出率为 30Hz。

（3）电动机停止时，发出停止指令 10s 内电动机停止。

2. 电路接线图

PLC 和 MM440 变频器联机正反转控制电路图如图 14-1 所示。

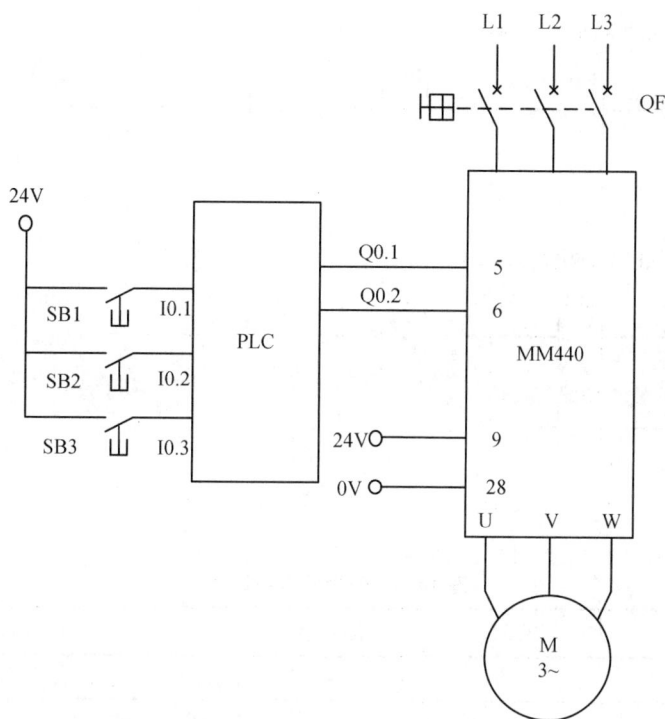

图 14-1　PLC 和 MM440 变频器联机正反转控制电路图

三、相关知识

1. S7-200 系列 226 型 PLC I/O（输入/输出）分配

根据控制要求写出 PLC 输入/输出分配，如表 14-1 所示。

表 14-1　PLC 输入/输出分配

输入			输出	
电路符号	地址	功能	地址	功能
SB1	I0.1	电动机正转按钮	Q0.1	电动机正转/停止
SB2	I0.2	电动机停止按钮	Q0.2	电动机反转/停止
SB3	I0.3	电动机反转按钮		

2. PLC 程序设计及变频器参数设置

（1）PLC 程序设计的编程输入，梯形图如图 14-2 所示。

（2）变频器参数设置，需要设置的参数如表 14-2 所示。

3. 控制信号连接

变频器的输入信号中包括对运行/停止、正转/反转、点动等运行状态进行操作的开关型指令信号。变频器通常利用继电器触点或具有继电器触点开关特性的元器件（如晶体管）与 PLC 相连，得到运行状态指令。在使用继电器触点时，经常因为接触不良而带来误动作，需要考虑晶体管本身的电压、电流等因素，保证系统的可靠性。

NETWORK1 正转运行

```
   I0.1          I0.2        Q0.2              Q0.1
───┤ ├───┬─────┤/├───────┤/├──────────────( )
   Q0.1  │
───┤ ├───┘
```

NETWORK2 反转运行

```
   I0.3          I0.2        Q0.1              Q0.2
───┤ ├───┬─────┤/├───────┤/├──────────────( )
   Q0.2  │
───┤ ├───┘
```

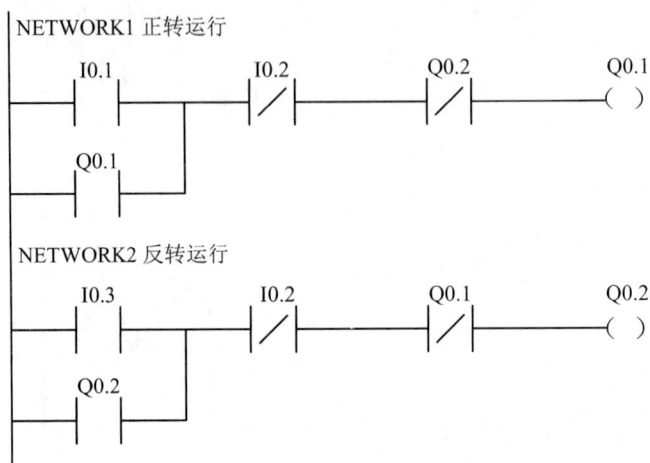

图 14-2   正反转 PLC 程序控制梯形图

表 14-2   变频器参数设置

参数号	出厂值	设置值	说明
P0003	1	1	设用户访问级为标准级
P0004	0	7	命令，二进制 I/O
P0700	2	2	由端子排输入
P0003	1	2	设用户访问级为扩展级
P0701	1	1	ON 接通正转，OFF 停止
P0702	1	2	ON 接通反转，OFF 停止
P0003	1	1	设用户访问级为标准级
P0004	0	10	设定值通道和斜坡函数发生器
P1000	2	1	频率设定值为键盘（MOP）设定值
P1080	0	0	电动机运行的最低频率（Hz）
P1082	50	50	电动机运行的最高频率（Hz）
P1120	10	8	斜坡上升时间（s）
P1121	10	10	斜坡下降时间（s）

在设计变频器的输入信号电路时还应该注意，当输入信号电路连接不当时也会造成变频器的误动作。例如，当输入信号电路采用继电器等感性负载时，继电器开闭产生浪涌电流带来的噪音有可能引起变频器的误动作，应尽量避免；当输入开关信号进入变频器时，有时会发生外部电源和变频器控制电源（DC 24V）之间的串扰。正确的连接方法是：利用 PLC 电源将外部晶体管的集电极经过二极管接到 PLC。

4. 数值信号连接

变频器中也存在一些数值型（如频率、电压等）指令信号输入，可分为数字输入和模拟输入两种，数字输入多采用变频器面板上的键盘操作和串行通信接口来设定；模拟输入则通过接线端子由外部给定，通常是通过 0～10V（或 0～5V）的电压信号或者 0～20mA（或4～20mA）的电流信号输入。由于接口电路因输入信号而异，因此必须根据变频器的输入阻抗选择 PLC 的输出模块。

当变频器和 PLC 的电压信号范围不同时，例如变频器的输入信号范围为 0～10V 而 PLC 的输出电压信号范围为 0～5V 时，或 PLC 一侧的输出信号电压范围为 0～10V 而变频器的输入信号范围为 0～5V 时，由于变频器和晶体管的允许电压、电流等因素的限制，则需要以串联电阻的分压来保证进行开关时不超过 PLC 和变频器相应部分的容量。此外，在连线时还应该注意将布线分开，保证主电路一侧的噪声不传至控制电路。

5. 联机注意事项

因为变频器在运行中会产生较强的电磁干扰，为保证 PLC 不因为变频器主电路断路器及开关器件等产生的噪声而出现故障，将变频器与 PLC 相连接时应注意以下几点：

（1）对 PLC 本身应按规定的接线标准和接地条件进行接地，而且应注意避免和变频器使用共同的接地线，且在接地时使二者尽可能分开。

（2）当电源条件不太好时，应在 PLC 的电源模块及输入/输出模块的电源上接入噪声滤波器和降低噪声用的变压器等。另外，若有必要，在变频器一侧也应采取相应的措施。

（3）当把变频器和 PLC 安装于同一操作柜中时，应尽可能使与变频器有关的电线和与PLC 有关的电线分开。

（4）通过使用屏蔽线和双绞线来达到提高抗噪声干扰能力的目的。

四、任务实施

1. 任务准备

PLC 实训操作台 8 台、变频器实训操作台 8 台、0.04kW 三相交流笼型异步电动机 8 台，分小组进行，每组 4 人；万用表每组一个；十字螺钉旋具、一字螺钉旋具每组各一把；其他电工维修工具每组各一套。

（1）任务实施目的。

1）掌握 PLC 实训操作台、变频器实训操作台的结构。

2）掌握 PLC 实训操作台梯形图的输入方法。

3）掌握变频器实训操作台的参数设置方法。

4）掌握 PLC 实训操作台、变频器实训操作台的调试步骤。

（2）任务实施步骤。

1）收集整理 PLC 实训操作台、变频器实训操作台输入端子的电气资料。

2）读懂 PLC 实训操作台、变频器实训操作台输入端子的电气原理图和接线图。

3）PLC 实训操作台 I/O 地址分配、梯形图输入、变频器实训操作台参数设置。

4）应用 PLC 实训操作台、变频器实训操作台输入端子的调试步骤进行调试训练。

2. 输入端子调试步骤

（1）电动机正向运行。

当按下正转按钮 SB1 时，PLC 输入继电器 I0.1 的常开触点闭合，输出继电器 Q0.1 接通，

MM440 的端口 DIN1 为 ON，电动机按 P1120 所设置的 8s 斜坡上升时间正向起动，经 8s 后电动机正向稳定运行在由 P1040 所设置的 30Hz 对应的转速上，同时 Q0.1 的常开触点闭合实现自保。

（2）电动机反向运行。

当按下反转按钮 SB3 时，PLC 输入继电器 I0.3 的常开触点闭合，输出继电器 Q0.2 接通，MM440 的端口 DIN2 为 ON，电动机按 P1120 所设置的 8s 斜坡上升时间反向起动，经 8s 后电动机反向运行在由 P1040 所设置的 30Hz 对应的转速上，同时 Q0.2 的常开触点闭合实现自保。

（3）电动机停车。

无论电动机当前处于正向还是反向工作状态，当按下停止按钮 SB2 时，输入继电器 I0.2 的常闭触点断开，使输出继电器 Q0.1（或 Q0.2）失电，MM440 的端口 DIN1 和 DIN2 为 OFF，电动机按 P1121 所设置的 10s 斜坡下降时间正向（或反向）停车，经 10s 后电动机停止运行。

小提醒

PLC 的数字输入/输出分配不是唯一的，一旦输入/输出端口的功能和外围设备接线图确定后，PLC 程序设计要与外围设备硬件的连接相对应。

3. 输入端子故障分析

输入端子的常见故障原因和故障点如表 14-3 所示，应用时可以参考。

表 14-3　输入端子的常见故障原因和故障点

序号	故障现象	故障点
1	外部电源和变频器控制电源（DC 24V）之间的串扰	晶体管集电极经过二极管接到 PLC
2	主电路一侧的噪声传至控制电路	将布线分开
3	按下正转按钮 SB1 时电动机不起动	端口 DIN1 为 ON
4	输出继电器 Q0.1 不失电	更换停止按钮 SB2
5	输出继电器 Q0.2 不失电	更换停止按钮 SB2
6	变频器的误动作	消除浪涌电流

五、任务小结

1. S7-200 系列 226 型 PLC I/O（输入/输出）端口

I 是指电路中的输入信号端口，O 是指电路中的输出信号端口。

2. 控制信号连接

变频器的输入信号中包括对运行/停止、正转/反转、点动等运行状态进行操作的开关型指令信号。变频器通常利用继电器触点或具有继电器触点开关特性的元器件（如晶体管）与 PLC 相连，得到运行状态指令。

3．数值信号连接

变频器中也存在一些数值型（如频率、电压等）指令信号输入，可分为数字输入和模拟输入两种，数字输入多采用变频器面板上的键盘操作和串行通信接口来设定；模拟输入则通过接线端子由外部给定，通常是通过 0～10V（或 0～5V）的电压信号或者 0～20mA（或 4mA～20mV）的电流信号输入。

4．输入端子调试步骤

（1）电动机正向运行。

（2）电动机反向运行。

（3）电动机停车。

5．输入端子故障分析

序号	故障现象	故障点
1	外部电源和变频器控制电源（DC 24V）之间的串扰	晶体管集电极经过二极管接到 PLC
2	主电路一侧的噪声传至控制电路	将布线分开
3	按下正转按钮 SB1 时电动机不起动	端口 DIN1 为 ON
4	输出继电器 Q0.1 不失电	更换停止按钮 SB2
5	输出继电器 Q0.2 不失电	更换停止按钮 SB2
6	变频器的误动作	消除浪涌电流

六、思考与练习

1．I/O 的含义是什么？

2．控制信号的概念是什么？

3．何为数值信号？

4．简述控制信号连接的注意事项。

5．简述数值信号连接的注意事项。

6．变频器的误动作原因是什么？

7．简述变频器和 PLC 的电压信号范围不同时的注意事项。

8．电源条件不太好时，PLC 如何防噪？

9．PLC、变频器为什么不能使用共同的接地线？

10．简述 PLC、变频器实训操作台联机时的注意事项？

任务2　延时控制操作

一、任务导入

延时是一个时间概念，指比原来自然状态下延长了一段时间，在不同的时间中具体表现不同。

二、任务分析

1. 控制要求

通过 S7-200 系列 226 型和 MM440 变频器联机，实现 MM440 控制端口开关操作，完成对电动机正反向延时起动运行的控制。控制要求如下：

（1）按下正向起动按钮 SB1 时，电动机延时 15s 开始正向起动。电动机正向运行时，起动时间为 8s，变频器输出频率为 30Hz。

（2）按下反向起动按钮 SB3 时，电动机延时 10s 开始反向起动。电动机反向运行时，起动时间为 8s，变频器输出频率为 30Hz。

（3）按下停止按钮 SB2 时，电动机 10s 内停止。

2. 电路接线图

PLC 和 MM440 变频器联机延时正反向控制电路接线图如图 14-3 所示。

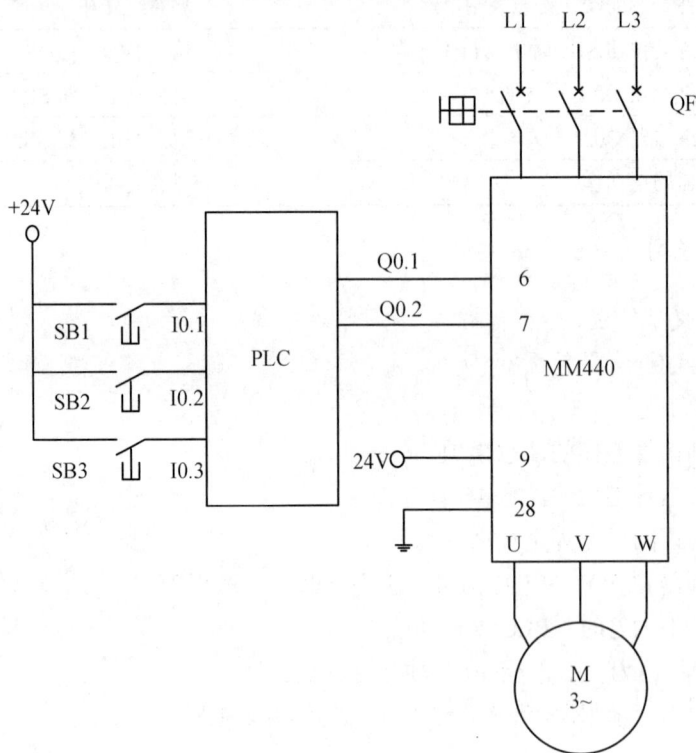

图 14-3　PLC 和 MM440 变频器联机延时正反向控制电路图

三、相关知识

1. S7-200 系列 226 型 PLC 输入/输出分配

根据控制要求写出 PLC 输入/输出分配，如表 14-4 所示。

表 14-4　PLC 输入/输出分配

输入信号			输出信号	
电路符号	地址	功能	地址	功能
SB1	I0.1	正转按钮	Q0.1	电动机正转/停止
SB2	I0.2	停止按钮	Q0.2	电动机反转/停止
SB3	I0.3	反转按钮		

2. PLC 程序设计

PLC 程序设计，延时运行梯形图如图 14-4 所示。

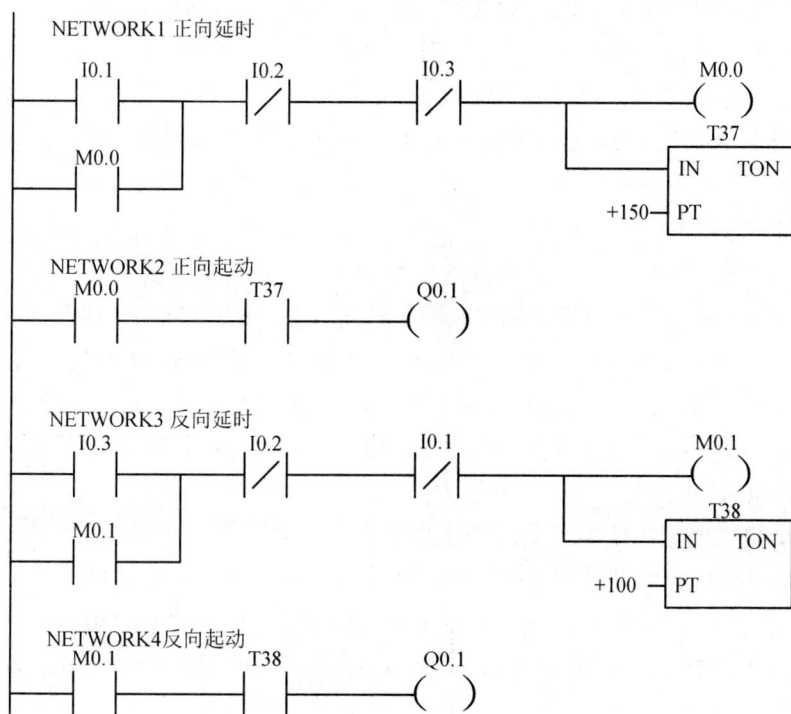

图 14-4　延时运行 PLC 程序梯形图

四、任务实施

1. 任务准备

PLC 实训操作台 8 台、变频器实训操作台 8 台、0.04kW 三相交流笼型异步电动机 8 台，分小组进行，每组 4 人；万用表每组一个；十字螺钉旋具、一字螺钉旋具每组各一把；其他电工维修工具每组各一套。

（1）任务实施目的。

1）掌握 PLC 实训操作台、变频器实训操作台延时运行的工作原理。

2）掌握延时运行调试步骤。

3）掌握延时运行故障排除方法。

（2）任务实施步骤。

1）收集整理多延时运行电气资料。

2）读懂延时运行电气原理图和接线图。

3）认识延时运行方法。

4）应用延时运行的调试步骤进行调试训练。

5）设置模拟故障，应用延时运行的故障检修方法进行故障排除练习。

2. 延时运行调试步骤

（1）电动机正向延时运行。

当按下正转按钮 SB1 时，PLC 输入继电器 I0.1 得电，其常开触点闭合，位存储器 M0.0 得电，其常开触点闭合实现自锁，同时接通定时器 T37 并开始延时，当延时时间达到 15s 时，定时器 T37 输出逻辑"1"，输出继电器 Q0.1 得电，使 MM440 的数字输入端口 DIN2 为 ON，电动机在发出正转信号延时 8s 后按 P1120 所设置的 8s 斜坡上升时间正向起动，经 8s 后电动机正向运行在由 P1040 所设置的 30Hz 频率对应的转速上。

（2）电动机反向延时运行。

当按下反转按钮 SB3 时，PLC 输入继电器 I0.3 得电，其常开触点闭合，位存储器 M0.1 得电，其常开触点闭合实现自锁，同时接通定时器 T38 并开始延时，当延时时间达到 10s 时，定时器 T38 输出逻辑"1"，输出继电器 Q0.2 得电，使 MM440 的数字输入端口 DIN3 为 ON，电动机在发出反转信号延时 10s 后按 P1121 所设置的 8s 斜坡上升时间反向起动，经 8s 后电动机反向运行在由 P1040 所设置的 30Hz 频率对应的转速上。

（3）电动机停止。

无论电动机当前处于正向还是反向工作状态，当按下停止按钮 SB2 时，输入继电器 I0.2 得电，其常闭触点断开，使 M0.0（或 M0.1）失电，其常开触点断开取消自锁，同时使定时器 T1（或 T2）断开，输出继电器 Q0.1（或 Q0.2）失电，MM440 端口 5（或端口 6）为 OFF，电动机按 P1121 所设置的 10s 斜坡下降时间正向（或反向）停车，经 10s 后电动机停止运行。

小提醒

为了保证运行安全，在程序设计中利用位存储器 M0.0 和 M0.1 的常闭触点实现互锁。

3. 延时运行故障分析

延时运行的常见故障原因和故障点如表 14-5 所示，应用时可以参考。

表 14-5　延时运行的常见故障原因和故障点

序号	故障现象	故障点
1	正向延时运行不能自锁	使存储器 M0.0 得电
2	反向延时运行不能自锁	使存储器 M0.1 得电
3	正向延时运行转速不升高	DIN2 为 ON

序号	故障现象	故障点
4	输出继电器 Q0.2 得电转速不升高	DIN3 为 ON
5	定时器 T1 不能得电	闭合 I0.1
6	定时器 T2 不能得电	闭合 I0.3

五、任务小结

1. 延时

延时是一个时间概念，指比原来自然状态下延长了一段时间，在不同的时间中具体表现不同。

2. 延时运行调试步骤

（1）电动机正向延时运行

（2）电动机反向延时运行

（3）电动机停止

3. 延时运行故障分析

序号	故障现象	故障点
1	正向延时运行不能自锁	使存储器 M0.0 得电
2	反向延时运行不能自锁	使存储器 M0.1 得电
3	正向延时运行转速不升高	DIN2 为 ON
4	输出继电器 Q0.2 得电转速不升高	DIN3 为 ON
5	定时器 T1 不能得电	闭合 I0.1
6	定时器 T2 不能得电	闭合 I0.3

六、思考与练习

1. 什么是延时？

2. 简述电动机正向延时运行的工作过程。

3. 简述电动机反向延时运行的工作过程。

4. 简述正向延时运行不能自锁的原因。

5. 简述反向延时运行不能自锁的原因。

6. 简述正向延时运行转速不升高的原因。

7. 画出定时器的图形符号。

8. 正反转如何实现互锁？

9. 位存储器 M 的作用是什么？

10. 简述延时运行的调试步骤。

任务 3 多段速频率控制操作

一、任务导入

由于工艺上的要求，很多生产机械在不同的阶段需要在不同的转速下运行。为了方便这种负载，大多数变频器均提供了多段速控制功能，其转速挡的切换是通过外接开关器件改变其输入端的状态组合来实现的。

二、任务分析

1. 控制要求

通过 S7-200 系列 226 型 PLC 和 MM440 变频器联机，控制实现电动机三段速频率运转，按下起动按钮 SB1 电动机起动并运行在第一段，频率为 10Hz，对应转速为 560r/min，延时 20s 后电动机反向运行在第二段，频率为 30Hz，对应转速为 1680r/min，再延时 20s 后电动机正向运行在第三段，频率为 50Hz，对应转速为 2800r/min。按下停车按钮，电动机停止运行。

2. 电路接线图

PLC 和 MM440 变频器联机三段速控制电路图如图 14-5 所示。

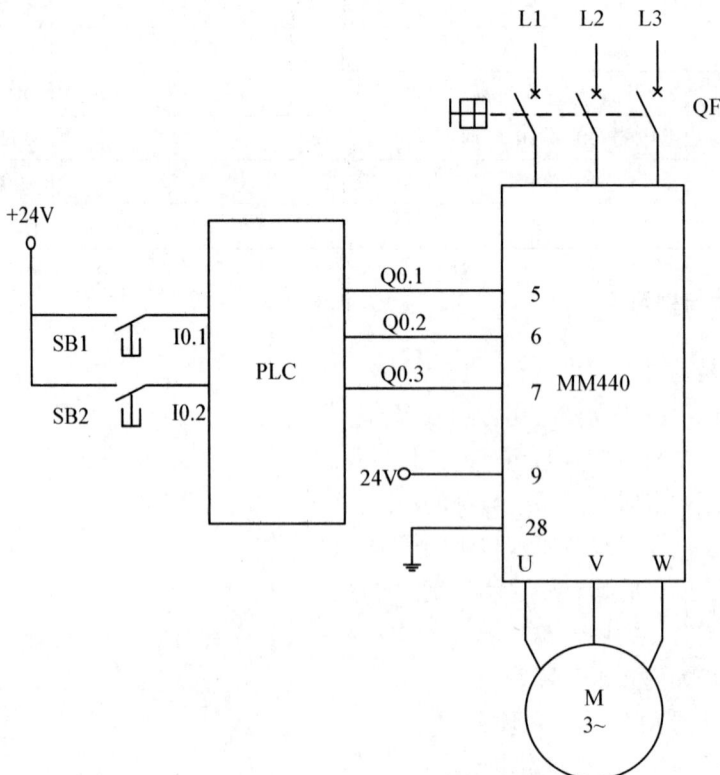

图 14-5 PLC 和 MM440 变频器联机三段速控制电路图

三、相关知识

1. 置位指令和复位指令

置位指令：S bit,N……将指定位开始的 N 个存储器位置 1。

复位指令：R bit,N……将指定位开始的 N 个存储器位置 0。

置位指令和复位指令的梯形图如图 14-6 所示。

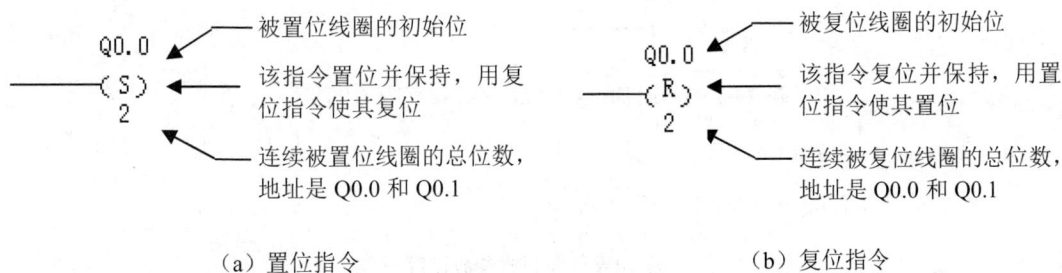

（a）置位指令　　　　　　　　　　　　　（b）复位指令

图 14-6　置位指令和复位指令

2. S7-200 系列 226 型 PLC I/O（输入/输出）分配

变频器数字输入 DIN1、DIN2 端口通过 P0701、P0702 参数设为三段固定频率控制端，每一频段的频率可分别由 P1001、P1002 和 P1003 参数设置。变频器数字输入 DIN3 端口设为电动机运行、停止控制端，可由 P0703 参数设置，如表 14-6 所示。

表 14-6　PLC 输入/输出分配

输入			输出	
电路符号	地址	功能	地址	功能
SB1	I0.1	起动按钮	Q0.1	DIN1
SB2	I0.2	停止按钮	Q0.2	DIN2
			Q0.3	DIN3

3. PLC 程序设计

联机延时运行 PLC 程序梯形图如图 14-7 所示。

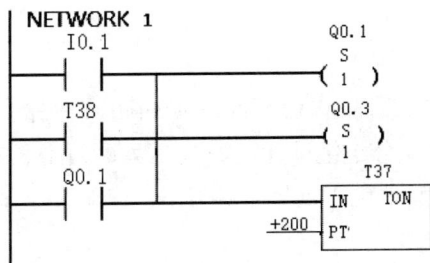

图 14-7　联机延时运行 PLC 程序梯形图

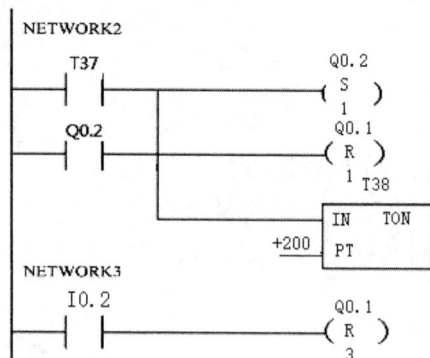

图 14-7　联机延时运行 PLC 程序梯形图（续图）

4. 变频器参数设置

变频器需要设置的参数如表 14-7 所示。

表 14-7　变频器参数设置

参数号	出厂值	设置值	说明
P0003	1	1	设用户访问级为标准级
P0004	0	7	命令和数字 I/O
P0700	2	2	命令源选择"由端子排输入"
P0003	1	2	设用户访问级为扩展级
P0701	1	17	选择固定频率
P0702	1	17	选择固定频率
P0703	1	1	ON 接通正转，OFF 停止
P0003	1	1	设用户访问级为标准级
P0004	10	10	设定值通道和斜坡函数发生器
P1000	2	3	选择固定频率设定值
P0003	1	2	设用户访问级为扩展级
P0004	0	10	设定值通道和斜坡函数发生器
P1001	0	10	设置固定频率 1（Hz）
P1002	5	-30	设置固定频率 2（Hz）
P1003	10	50	设置固定频率 3（Hz）

四、任务实施

1. 任务准备

S7-200 系列 226 型 PLC 实训操作台 8 台、MM440 变频器实训操作台 8 台、0.04kW 三相交流笼型异步电动机 8 台，分小组进行，每组 4 人；万用表每组一个；十字螺钉旋具、一字螺钉旋具每组各一把；其他电工维修工具每组各一套。

（1）任务实施目的。

1）掌握多段速频率控制过程中参数的设置方法。

2）掌握多段速频率控制的调试步骤。

3）掌握多段速频率控制的故障排除方法。

（2）任务实施步骤。

1）收集整理 S7-200 系列 226 型 PLC 实训操作台、MM440 变频器实训操作台多段速频率控制的电气资料。

2）分析多段速频率控制的电气原理图和接线图。

3）应用多段速频率控制的调试步骤进行调试训练。

4）设置模拟故障，应用多段速频率控制的故障检修方法进行故障排除练习。

2．多段速频率控制调试步骤

当按下自锁按钮 SB3 时，数字输入端口 DIN3 为 ON，允许电动机运行。

（1）第 1 段控制。当 SB1 按钮接通、SB2 按钮断开时，变频器数字输入端口 DIN1 为 ON，端口 DIN2 为 OFF，变频器工作在由 P1001 参数所设定的频率为 15Hz 的第 1 段上，电动机运行在对应的 840r/min 转速上。

（2）第 2 段控制。当 SB1 按钮断开、SB2 按钮接通时，变频器数字输入端口 DIN1 为 OFF，端口 DIN2 为 ON，变频器工作在由 P1002 参数所设定的频率为 35Hz 的第 2 段上，电动机运行在对应的 1960r/min 转速上。

（3）第 3 段控制。当 SB1 按钮和 SB2 按钮都接通时，变频器数字输入端口 DIN1 和 DIN2 均为 ON，变频器工作在由 P1003 参数所设定的频率为 50Hz 的第 3 段上，电动机运行在对应的 2800r/min 转速上。

（4）电动机停车。当 SB1 按钮和 SB2 按钮都断开时，变频器数字输入端口 DIN1 和 DIN2 均为 OFF，电动机停止运行。

小提醒

在电动机正常运行的任何频段，将自锁按钮 SB3 断开使数字输入端口 DIN3 为 OFF，电动机也能停止运行。

3．多段速频率控制故障分析

多段速频率控制的常见故障原因和故障点如表 14-8 所示，应用时可以参考。

表 14-8　多段速频率控制的常见故障原因和故障点

序号	故障现象	故障点
1	变频器不能起动	更换起动按钮
2	变频器不能停止	更换停止按钮
3	定时器 T37 不工作	更换定时器
4	定时器 T38 不工作	更换定时器

五、任务小结

1．多段速频率控制

很多生产机械在不同的阶段需要在不同的转速下运行。为了方便这种负载，大多数变频器都提供了多段速控制功能，其转速挡的切换是通过外接开关器件改变其输入端的状态组合来实现的。

2. 变频器数字输入端口 DIN1、DIN2、DIN3

变频器数字输入端口 DIN1、DIN2、DIN3 通过 P0701、P0702 参数设为三段固定频率控制端，每一频段的频率可以分别由 P1001、P1002 和 P1003 参数设置。变频器数字输入端口 DIN3 设为电动机运行、停止控制端。

3. 多段速频率控制时 S7-200 系列 226 型 PLC 输入/输出分配

输入			输出	
电路符号	地址	功能	地址	功能
SB1	I0.1	起动按钮	Q0.1	DIN1
SB2	I0.2	停止按钮	Q0.2	DIN2
			Q0.3	DIN3

4. 变频器故障分析

序号	故障现象	故障点
1	变频器不能起动	更换起动按钮
2	变频器不能停止	更换停止按钮
3	定时器 T37 不工作	更换定时器
4	定时器 T38 不工作	更换定时器

六、思考与练习

1. 什么是多段速？
2. 为什么引入多段速频率控制？
3. 如何将命令源选择为"由端子排输入"？
4. P1001=15 的含义是什么？
5. DIN4 线断了会出现速度控制错误吗？是否由原来的七段速变成了三段速？
6. 参数设置 P1001 的作用是什么？
7. 参数设置 P1002 的作用是什么？
8. 参数设置 P1003 的作用是什么？
9. 变频器数字输入端口 DIN3 如何设置？
10. 用 PLC 和变频器联机实现电动机 7 段频率运行。7 段频率依次为：第 1 段频率为 10Hz、第 2 段频率为 20Hz、第 3 段频率为 40Hz、第 4 段频率为 50Hz、第 5 段频率为-20Hz、第 6 段频率为-40Hz、第 7 段频率为 20Hz，写出梯形图并设置变频器参数。

项目十五 西门子 S7–200 PLC 控制 MM440 变频器 实现电动机正反转自动循环实训

在生产过程中，根据不同电动机的类型及电动机的使用场合，通过电动机控制可以实现电动机的快速起动、快速响应、高效率、高转矩输出及高过载能力等。

学习知识要点

1. 了解电动机自动循环控制的过程。
2. 理解 MM440 变频器的参数设置。

职业技能要点

1. 掌握 MM440 变频器用基本操作板（BOP）的调试。
2. 掌握梯形图的编程方法，理解指令程序的编程方法。
3. 掌握 I/O 的分配和接线。

一、项目导入

在生产实际中设备的运转模式多种多样，如设备需要间歇、正/反向转、往复循环运动等。此时只要在控制电路中恰当地引入行程开关、时间继电器等控制参量，便可得到需要的控制电路。正常情况下，在控制电路中引入行程开关作为控制参量和实现电动机的正反向运转。

二、项目分析

按下起动按钮电动机以 6Hz 的频率运行，如图 15-1 所示。其中 T37=5s，T38=5s，T39=5s，T40=5s，T41=5s，T42=5s，自动循环运行。直到按下停止按钮，工作台停止运行。

三、相关知识

电动机正反转自动循环控制 I/O 地址分配如表 15-1 所示。

四、项目实施

1. 项目准备

亚龙 YL-110 型 PLC 与 MM440 变频器综合实验台 8 台、计算机 8 台、三相异步电动机 8 台、PLC 串口通信线 8 条、安全连接导线若干，分小组进行，每组 4 人；万用表每组一个；

十字螺钉旋具、一字螺钉旋具每组各一把；其他电工维修工具每组各一套。

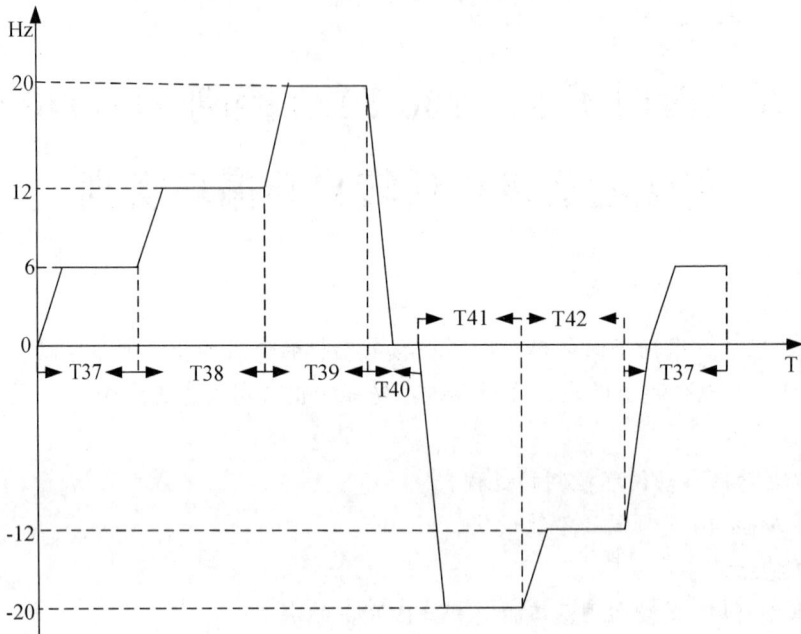

图 15-1　变频器控制电动机自动循环图

表 15-1　电动机正反转自动循环控制 I/O 分配

输入			输出	
电路符号	地址	功能	地址	功能
SB1	I0.0	电动机起动按钮	Q0.0	5（DIN1）
SB2	I0.1	电动机停止按钮	Q0.1	6（DIN2）
			Q0.2	7（DIN3）
			Q0.3	8（DIN4）
			Q0.4	16（DIN5）
			Q0.5	17（DIN6）

（1）项目实施目的。

1）掌握电动机正反转自动循环控制的工作原理。

2）掌握电动机正反转自动循环控制的调试步骤。

3）掌握电动机正反转自动循环控制的故障排除方法。

（2）项目实施步骤。

1）收集整理亚龙 YL-110 型 PLC 与 MM440 变频器综合实验台电动机正反转自动循环控制的电气资料。

2）读懂亚龙 YL-110 型 PLC 与 MM440 变频器综合实验台电动机正反转自动循环控制

的电气原理图和接线图。

3）应用亚龙 YL-110 型 PLC 与 MM440 变频器综合实验台电动机正反转自动循环控制的调试步骤进行调试训练。

4）设置模拟故障，应用电动机正反转自动循环控制的故障检修方法进行故障排除练习。

2. 电动机正反转自动循环控制调试步骤

调试 MM440 变频器参数的步骤如下：

（1）恢复出厂设置。

P0010=30　　　　　恢复工厂设置选择

P0970=1　　　　　使能选择，使 P0010=30 有效

参数设置好后会出现一段时间的 busy 状态，等待，直至结束。

（2）快速调试。

P0003=3　　　　　参数查看等级设置

P0010=1　　　　　选择快速调试

P0100=0　　　　　频率选择：50Hz

P0300=2　　　　　电动机的类型

P0304=380　　　　额定电压

P0305=0.25　　　　额定电流

P0307=0.04　　　　额定功率

P0310=50　　　　　额定频率

P0311=1400　　　　额定转速

P3900=1　　　　　启动快速调试

参数调整好后，也会出现一段时间的 busy 状态，等待，直至结束。

注意：以上参数要根据电动机的铭牌数值输入数据。

（3）选择固定频率。

P0700=1　　　　　选择控制方式：BOP（键盘）控制

P1000=3　　　　　选择固定频率作为给定

P0701=15　　　　　选择数字输入功能：固定频率设定值（直接选择）

P0702=15　　　　　选择数字输入功能：固定频率设定值（直接选择）

……

P0706=15　　　　　选择数字输入功能：固定频率设定值（直接选择）

P1001=6　　　　　设定固定频率值

P1002=12　　　　　设定固定频率值

P1003=20　　　　　设定固定频率值

P1004=0　　　　　设定固定频率值

P1005=-20　　　　设定固定频率值

P1006=-10　　　　设定固定频率值

说明：通过 BOP 控制起停，通过端子选择固定频率给定。

小提醒

将电动机接成星形接线，将 PLC 主机的电源置于开的状态，并且必须将 PLC 串口置于 STOP 状态，通过计算机或编程器将程序下载到 PLC 中，下载完后，再将 PLC 串口置于 RUN 状态。

3. 电动机正反转自动循环控制故障分析

电动机正反转自动循环控制的常见故障原因和故障点如表 15-2 所示，应用时可以参考。

表 15-2　电动机正反转自动循环控制的常见故障原因和故障点

序号	故障现象	故障点
1	不能进行快速调试	设置 P0010=1
2	使能选择失效	P0010=30 有效
3	程序无法下载到 PLC 中	将 PLC 主机电源置于开的状态
4	程序无法下载到 PLC 中	将 PLC 串口置于 STOP 状态
5	变频器无法调试运行	将 PLC 串口置于 RUN 状态
6	变频器不能快速调试	P3900=1

五、任务小结

1. 电动机正反向控制

在生产实际中设备的运转模式多种多样，如设备需要间歇、正/反向转、往复循环运动等。此时只要在控制电路中恰当地引入行程开关、时间继电器等控制参量，便可得到需要的控制电路。正常情况下，在控制电路中引入行程开关作为控制参量和实现电动机的正反向运转。

2. 恢复出厂设置

P0010=30　　恢复工厂设置选择

P0970=1　　使能选择，使 P0010=30 有效

参数设置好后会出现一段时间的 busy 状态，等待，直至结束。

3. 电动机正反转自动循环控制调试步骤

（1）恢复出厂设置。

（2）快速调试。

（3）选择固定频率。

4. 电动机正反转自动循环控制故障分析

序号	故障现象	故障点
1	不能进行快速调试	设置 P0010=1
2	使能选择失效	P0010=30 有效
3	程序无法下载到 PLC 中	将 PLC 主机电源置于开的状态

续表

序号	故障现象	故障点
4	程序无法下载到 PLC 中	将 PLC 串口置于 STOP 状态
5	变频器无法调试运行	将 PLC 串口置于 RUN 状态
6	变频器不能快速调试	P3900=1

六、思考与练习

1. 简述电动机正向控制的过程。
2. 简述电动机反向控制的过程。
3. 如何选择固定频率？
4. 不能进行快速调试的原因是什么？
5. 程序无法下载到 PLC 中的原因是什么？
6. 变频器无法调试运行的原因是什么？
7. 如何恢复出厂设置？
8. 变频器参数设置好后出现 busy 状态是否正常？
9. 如何选择数字输入功能？
10. 如何启动快速调试？